浙江省典型小流域水土流失动态监测和输移规律

浙江广川工程咨询有限公司 编

顾妍平 主编

黄河水利出版社

·郑 州·

内 容 提 要

本书选择浙江省杭州市余杭区作为小流域水土流失动态监测和输移规律研究的示范流域,是浙江省首个对流域降雨和输沙特征等相关规律进行研究的课题。经过 2011~2015 年常规断面的定点监测,获得了流域场次降雨的悬移质含沙量、污染物 TP 和 TN 等指标的监测值,初步掌握了流域场次降雨所产生的泥沙流失量和流域水土流失程度,并对流域的水质状况进行了评价。在常规监测的基础上,进一步对典型流域进行了过程观测。本书基于 5 年的水土流失监测数据,对影响水土流失的多因素进行了回归分析,理清了多因素之间的相关关系,初步掌握了流域降雨和泥沙流失量之间的规律,估算了典型流域全年降雨所产生的泥沙流失量。通过 2 年场次降雨总氮和总磷监测数据,分析了污染物在降雨过程中的输移规律。本书获得的常规监测和典型流域过程观测的分析成果,可为流域水土流失和环境治理工作提供基础支撑。

本书可供从事水土保持和环境工程等相关业务及科研工作人员参考。

图书在版编目(CIP)数据

浙江省典型小流域水土流失动态监测和输移规律/浙江广川工程咨询有限公司编;顾妍平主编. —郑州:黄河水利出版社,2020.12

ISBN 978-7-5509-2881-7

Ⅰ.①浙⋯ Ⅱ.①浙⋯②顾⋯ Ⅲ.①小流域-水土流失-动态监测-研究-浙江②小流域-水土流失-泥沙输移-研究-浙江 Ⅳ.①S157.1

中国版本图书馆 CIP 数据核字(2020)第 242787 号

组稿编辑:贾会珍 电话:0371-66028027 E-mail:110885539@qq.com

出 版 社:黄河水利出版社 网址:www.yrcp.com
地址:河南省郑州市顺河路黄委会综合楼 14 层 邮政编码:450003
发行单位:黄河水利出版社
发行部电话:0371-66026940、66020550、66028024、66022620(传真)
E-mail:hhslcbs@126.com
承印单位:河南新华印刷集团有限公司
开本:787 mm×1 092 mm 1/16
印张:7.5
字数:180 千字
版次:2020 年 12 月第 1 版 印次:2020 年 12 月第 1 次印刷

定价:48.00 元

前　言

随着浙江省经济建设不断发展、人民生活水平不断提高,生态环境、水资源保护、流域管理、土地利用与土地生产力等问题不断凸现,引起了人们更多的关注。然而,土壤侵蚀及其产生的泥沙却还在不断地降低土壤生产力、污染水环境并引发山洪和泥石流等自然灾害。泥沙携带大量的污染物进入河流系统进而造成严重的水质污染问题;沉积泥沙还将影响河道的行洪能力、水库的蓄水能力等,进而造成洪灾。流域侵蚀产沙是降雨、径流动力作用于流域地貌表面而发生的土壤分散、剥离及搬运的过程。浙江省隶属以水力侵蚀为主的南方红壤区,降雨量大且集中,地表径流大,是水土流失发生的原动力;加上国土面积70%是山丘区,山高坡陡,从而加剧了径流对地表土壤的冲刷侵蚀作用。

自1751年罗蒙诺索夫首次谈到暴雨对土壤的溅蚀作用后,大量国内外学者进行了有关研究,取得丰硕成果,但是水土流失是一个极其复杂的课题,地域性极强。20世纪90年代,降雨对水土流失影响的研究主要是在保证下垫面等因素不变的情况下,在实验室内通过模拟人工降雨进行。近年来,随着遥感遥测技术的发展,水土流失监测工作的逐步展开,降雨对水土流失的影响研究主要是在植被、坡面等影响因素变化的条件下进行,这种研究结果更切合实际情况。目前,各地研究机构和学者针对黄土高原、东北黑土地区、新疆地区、南方红壤区等不同地区均开展了类似研究,也初步总结了适用于本地区的水土流失规律,降雨对水土流失的影响研究已经逐渐从单一可控的实验室条件下分析向实际野外复杂多变条件下转变。

本书选择浙江省杭州市余杭区作为小流域水土流失动态监测和输移规律研究的示范流域,是浙江省首个对流域降雨和输沙特征等相关规律进行研究的课题。余杭区位于浙江省东北部,多年平均降水量1 390 mm,水土流失面积43. 27 km²。从2009年全省水土流失遥感普查成果来看,余杭区水土流失基本上集中在西部山地丘陵区,约占区域总水土流失面积的60%。近年来,在全区人口数量增加、人均占有耕地数量锐减的巨大压力下,当地群众对山地自然资源的不合理开发利用,造成大量的水土流失,严重制约了农业生产水平和经济水平的提高。因此,2009年余杭区林业水利局率先提出对本区域小流域开展水土流失监测工作,探索该地区有代表性流域的降雨和水土流失之间的规律,为小流域水土流失治理工作提供基础性技术支撑,也为政府部门的监督决策提供技术依据。

目前,全国范围内对小流域降雨和输沙特征规律进行研究的类似原型监测较少,可供参考的经验少,探索过程中遇到的问题较多。本书开展水土流失连续监测仅5年,监测系列较短,影响因素多,规律性还不够明显。尤其是污染物典型监测仅仅实施2年,分析成果仍有待进一步的验证。在条件成熟时,结合浙江省中小河流水文监测系统建设,在典型流域建立水土流失监测卡口站(控制站),开展长时间序列的动态化监测,为小流域水土流失防治提供科学依据。

本书研究工作得到余杭区农业局、国土局、气象局、统计局以及各乡(镇)相关单位的大力协助与支持,在此一并表示感谢。本书在编写过程中参考了许多相关资料和书籍,在此恕不一一列举,编者在此对这些参考文献的作者表示真诚的感谢。

由于编者水平有限,加之时间紧迫,客观条件有限,不足之处在所难免,恳请各位专家和同仁批评斧正。

编 者

2020 年 10 月于杭州

目　录

第1章　浙江省典型小流域现状分析

1.1　典型小流域所在区域概况

1.1.1　地理位置

杭州市余杭区位于杭嘉湖平原南端,西依天目山,南濒钱塘江,是长江三角洲的圆心地。地理坐标为北纬 30°09′~30°34′、东经 119°40′~120°23′,总面积约 1 228.24 km²。余杭区从东、北、西三面成弧形拱卫杭州中心城区,东面与海宁市接壤,东北与桐乡市交界,北面与德清县毗连,西北与安吉县相交,西面与临安市为邻,西南与富阳市相接。本课题监测的小流域位于余杭区西部,分布在百丈、鸬鸟、径山、黄湖、瓶窑、中泰、余杭及闲林等乡(镇)和街道内。小流域地理位置见附图1。

1.1.2　气象水文

余杭区地处北亚热带南缘季风气候区。冬夏长,春秋短,温暖湿润,四季分明,光照充足,雨量充沛。年平均气温 15.3~16.2 ℃,多年平均降水量 1 390 mm。因境内地形不同,小气候差异明显,春、冬、夏季风交替,冷暖空气活动频繁,春雨连绵,风向多变,天气变化较大。常年 6 月中旬入梅,7 月上旬出梅,雨量相对集中,梅雨结束即进入盛夏,天气晴热、温度高、日照强、蒸发大,易有伏夏。秋季,秋高气爽,大气比较稳定。冬季,如遇北方强冷空气,会出现寒潮。

1.1.3　地形地貌

余杭区处于杭嘉湖平原和浙江丘陵山地的过渡地带,地势由西北向东南倾斜,层次分明,分布连片。大致以东苕溪为界,西为山地丘陵区,东为堆积平原区。余杭区山地主要分布在区境内西北部,最高山峰是位于鸬鸟镇西端与临安县交界处的窑头山,海拔1 095.2 m。丘陵集中分布于境内西南、西北两翼。监测流域位于余杭区西部,流域内地形起伏较大,地貌以山地和丘陵为主。

1.1.4　土壤植被

余杭区土壤共有 6 个土类 14 个亚类 40 个土属 81 个土种。其中,红壤土类分布最广,占全区山地面积的 85.9%,占全区土地总面积的 28.9%。水稻土类占全区耕地总面积的 66%,占全区土地总面积的 26.7%,全区均有分布。潮土类面积占全区可耕地面积的 28.8%,分布于滨海、水网、河谷平原。

本课题研究区域的土壤类型以红壤土、黄壤土和水稻土为主。

1.2　典型小流域自然概况

根据 1:10 000 电子地形图和遥感影像图,获取各小流域特征断面以上的流域面积、河道长度、坡降等流域河道特性因子,监测断面坐标在现场用仪器测定。监测流域基本情况见表 1-1,余杭西部河流水系情况见附图 2、附图 3。

表 1-1　监测流域基本情况汇总

| 序号 | 流域名称 | 监测断面所在位置 | 地理坐标 | | 监测断面以上流域面积 (km²) | 监测断面以上主流长度 (km) | 河道比降 (‰) | 所在乡(镇)、街道 |
			东经	北纬				
1	鸬鸟溪	旧白沙桥下	119°77′18″	30°47′21″	28.67	8.7	0.32	鸬鸟镇
2	太平溪	万石桥下、四岭水库上游	119°75′80″	30°42′51″	32.59	10.3	0.42	鸬鸟镇
3	十里渠	老 104 国道加油站西侧桥下	119°91′18″	30°43′57″	14.96	4.9	0.43	瓶窑镇
4	塘埠溪	塘埠大桥下	119°87′28″	30°43′15″	16.98	9.1	0.37	瓶窑镇
5	黄湖溪	黄湖集镇三桥	119°81′32″	30°44′46″	96.57	16.8	0.38	黄湖镇
6	青山溪	洞口桥下	119°81′91″	30°44′49″	21.94	8.5	0.46	黄湖镇
7	斜坑溪	平山桥下	119°82′08″	30°34′36″	18.78	11.3	0.66	径山镇
8	南沟溪	长乐村桥下	119°82′79″	30°32′51″	5.79	4.3	0.15	径山镇
9	灵项溪	里项桥下	119°98′52″	30°29′63″	22.03	8.7	0.34	闲林街道
10	直路溪	9 号门桥下	119°90′86″	30°22′99″	20.00	8.5	0.42	中泰街道
11	铜山溪	跳头桥下	119°89′41″	30°24′71″	14.70	8.1	0.25	中泰街道
12	百丈溪 12#	集镇处	119°73′13″	30°51′82″	17.29	6.3	0.31	百丈镇
13	百丈溪 13#	溪口桥下	119°77′09″	30°48′63″	46.47	12.4	0.29	百丈镇
14	大洋圩	大板桥下	119°85′76″	30°28′19″	7.32	5.3	0.11	余杭街道
15	四岭溪	双黄路桥下	119°82′55″	30°41′02″	56.20	20.9	0.35	径山镇
16	北苕溪	径山镇潘板桥下	119°87′09″	30°38′74″	240.43	26.6	0.58	
17	中苕溪	径山冷水桥下	119°81′63″	30°32′72″	12.58	8.47	0.18	
18	南苕溪	中泰街道九峰桥下	119°87′18″	30°26′37″	16.06	10.88	0.16	

1.3　典型小流域社会经济

　　根据 1:10 000 地形图上绘出的小流域监测断面上游流域范围,初步确定小流域内的村庄分布情况,再进行实地调查,查缺补漏,确定各监测断面上游的村庄分布及村庄内的人口情况。15 个监测流域中,太平溪和南沟溪人口总量少,人口密度小;直路溪和四岭溪,人口总量多,人口密度大。各监测断面上游村庄和人口汇总见表 1-2。

表 1-2　各监测断面上游村庄和人口分布汇总表

序号	流域名称	监测特征断面	监测断面以上流域内行政村	监测断面以上流域面积(km²)	人口(人)	人口密度(人/km²)
1	鸬鸟溪	旧白沙桥下	仙佰坑、前庄、雅城	28.67	7 363	257
2	太平溪	万石桥下、四岭水库上游	山沟沟、太平山、太公堂	32.59	3 898	120
3	十里渠	老 104 国道加油站西侧桥下	彭公	14.96	3 532	275
4	塘埠溪	塘埠大桥	塘埠	16.98	4 831	285
5	黄湖溪	黄湖集镇三桥	仙佰坑、前庄、雅城、半山、百丈、溪口、四溪、虎山、王位山	96.57	3 458	162
6	青山溪	洞口桥	青山、赐壁	21.94	3 851	176
7	斜坑溪	平山桥	平山、西山	18.78	3 407	182
8	南沟溪	长乐村	长乐	5.79	830	144
9	灵项溪	里项桥下	云栖、桦树、里项	22.03	3 988	182
10	直路溪	9 号门桥下	紫荆、新泰、泰峰	20.00	7 192	376
11	铜山溪	跳头桥下	白云、中桥	14.70	4 723	248
12	百丈溪 12#	集镇处、百丈大酒店南侧 200 m	半山、百丈	17.29	3 367	195
13	百丈溪 13#	溪口桥下	半山、百丈、溪口、四溪	46.47	5 683	195
14	大洋圩	大板桥下	竹园、义桥	7.32	1 569	215
15	四岭溪	双黄路桥下	山沟沟、太平山、太公堂、四岭	56.20	7 041	299

　　根据《印发〈关于余杭区畜禽养殖禁养区、限养区规划与治理的若干规定〉的通知》（余政发〔2002〕186 号）、《余杭区农业废弃物利用处理和面源污染治理工作实施方案》、余杭区政府《瓶窑组团生态建设环境保护目标责任书》及《杭州市畜禽养殖污染防治管理办法》，目前余杭区运河街道、良渚街道、闲林街道、塘栖镇、仁和街道、仓前街道、瓶窑镇、径山镇、百丈镇、鸬鸟镇、中泰街道已经实施禽畜禁养，本课题监测的 17 条小流域中，除青山溪和大洋圩流域有少量规模养殖和散养禽畜外，其余流域已经全面禁养。根据现场调查，现状 1#～15# 小流域监测断面上游无工业，各乡镇的加工业以加工竹制品、产品加工为主。

1.4　典型小流域土地利用

　　根据土地利用调查数据和实地调查，各流域土地利用类型以林地为主，林地面积占各监测分区的 43.1%～85.7%；林地面积所占比例最大的是百丈溪 12#，占流域总面积的 85.7%，其次是塘埠溪和太平溪，分别占流域面积的 71.2% 和 70.8%；南沟溪林地面积最小，占流域总面积的 43.1%。各流域竹林面积所占比重较大，受自然条件、地区经济、地方政策等影响，各监测流域内的竹产业发展很不均衡，鸬鸟溪、太平溪、斜坑溪、四岭溪流域位于国家森林公园内，竹林禁止砍伐；百丈镇、黄湖镇、中泰镇是竹产品和竹制品加工的大镇，各有特色和发展方向，其中中泰镇以苦竹加工的竹笛享誉国内外，是著名的"苦竹之乡"。竹产品和制品加工产业发达的乡（镇），为了运输方便，竹林内修建了大量的林道。

　　各流域耕地面积所占比例为 3.5%～19.2%，其中百丈溪 12# 所占比例最小，黄湖溪所占比例最大；耕地中水田面积远大于旱地，为旱地面积的 3～4 倍。根据现场调查，各流域水田种植以单季稻为主。各流域园地面积所占比例为 0.8%～11.6%，其中百丈溪 12# 所占比例最小，大洋圩所占比例最大；园地中，果园的占地面积相对较大，占园地总面积的 50% 以上。根据现场调查，流域内的果园种植种类以桃树、梨树为主；其他园地主要是育苗地，培育绿化苗木。各流域住宅工况等其他用地面积所占比例为 9.8%～35.2%，其中百丈溪 12# 所占比例最小，南沟溪所占比例最高。

　　典型流域（百丈溪 12#）占地类型以林地为主，占流域总面积的 85.7%，其中竹林面积占林地总面积的 86.5%，毛竹加工产业是百丈镇的特色产业，主要加工制作竹席、竹筷等；其次是住宅工矿仓储等其他用地，占流域总面积的 21.3%；再次是耕地，占流域总面积的 3.5%；园地和河流水面所占比例均很小，分别占流域总面积的 0.8% 和 0.1%。根据现场调查，百丈溪流域地势较高，平坦之处较少，耕地和园地数量少，林地砍伐后栽植茶树、果树的情况比较普遍。

　　各监测流域范围土地利用具体情况见表 1-3。

表1-3　各流域土地利用情况汇总

（单位：hm²）

序号	流域	耕地 水田	耕地 旱地	园地 茶园	园地 果园	园地 其他园地	林地 有林地	林地 灌木林地	林地 其他林地	草地 其他草地	工矿仓储用地 采矿用地	住宅用地、公共管理与公共服务、特殊用地 建制镇	村庄	风景名胜及特殊用地	交通运输用地 公路用地	铁路用地	水域及水利设施用地 河流水面	水库水面	坑塘水面	内陆滩涂	水工建筑用地	其他土地 裸地	设施农用地	小计
1	鸠鸟溪	386	128	53	65	34	1 999		1	6	8	18	111	0	1		41	5	8	0		1	0	2 865
2	太平溪	197	122	43	34	17	2 663		62				80	0	1		27	7	2	1	0	0	0	3 256
3	十里渠	35	23		26	71	1 032	3			11		70	0	7	5	1		3	0		1	2	1 290
4	塘埠溪	79	31	23	2	83	1 391		0		1		56	1	13		5	7	8	1		0	0	1 701
5	黄湖溪	384	188	120	76	107	990	1	0	12	4	51	103	0	18		49	9	13	0		16	1	2 133
6	青山溪	300	141	61	20	132	1 391	11	5	26	2		64	0			17	7	15	1		0	10	2 200
7	斜坑溪	147	49	131	24	171	1 179	7	60	0	0		62	1			10	7	18	1		0	1	1 880
8	南沟溪	98	14	49	0	26	362			10	2		12				5	0	11	1		0	0	579
9	灵顶溪	156	57	192	19	26	1 573			11	46		92	6			8	0	10	1		7	0	2 198
10	直路溪	146	136	257	1	12	1 186	7	7	37	39		118	2	9		8	3	3	0		9	0	1 997
11	铜山溪	153	114	35	0	18	1 034	4	14	12	14		63	0			7	0	3	0		4	0	1 425
12	百丈溪12#	45	30	3	1	24	1 510		1	37	0	22	36	1	9		4	5	1	1		1	0	1 724
13	百丈溪13#	219	123	51	68	53	3 801	18	5	95	2	41	117	1	28		24	5	3	1		3	0	4 635
14	大洋圩	88	6	61	11	80	389		5	1	5		15	8			5	12	25	1		0	1	727
15	四岭溪	301	99	190	73	59	3 574	3	5	5	0	0	142	12	0	0	35	199	11	3	0	3	4	4 718

1.5　典型小流域水土流失概况

1.5.1　余杭区水土流失现状

1.5.1.1　水土流失现状

余杭区土地总面积为 1 228.24 km²,属于以水力侵蚀为主的南方红壤丘陵区,水土流失的类型主要是水力侵蚀,在一些坡度较大的地段以及有边坡开挖的建设项目中,也存在滑坡、崩塌等重力侵蚀。

根据 2014 年水土流失调查成果,全区水土流失总面积为 42.65 km²,占全区土地总面积的 3.47%,其中轻度侵蚀面积 17.47 km²,中度侵蚀面积 15.20 km²,强烈侵蚀面积 5.75 km²,极强烈侵蚀面积 2.35 km²,剧烈侵蚀面积 1.88 km²。余杭区历年水土流失遥感普查结果见表 1-4。

表 1-4　余杭区历年水土流失情况　　　　　　（单位:km²）

年份	水土流失面积						所占比例（%）
	轻度	中度	强烈	极强烈	剧烈	小计	
1999	59.09	15.60	5.89	1.02	0.26	81.86	6.62
2009	17.09	15.75	6.18	2.43	1.82	43.27	3.52
2014	17.47	15.20	5.75	2.35	1.88	42.65	3.47

由表 1-4 可知,1999 年全区水土流失总面积为 81.86 km²,占全区土地总面积的 6.62%,经过 10 年的水土保持和生态环境建设,全区的水土流失总面积大幅减少,至 2009 年,全区水土流失面积为 43.27 km²,占全区土地总面积的 3.52%。近年来,余杭区政府加大重视水土保持和生态建设工作力度,在经济建设发展的同时,全区的水土流失总面积得到了有效控制,2014 年的调查数据显示,全区水土流失总面积为 42.65 km²,略低于 2009 年的水土流失总面积。

全区的水土流失总面积得到有效控制的同时,水土流失的特点发生变化:至 2014 年,原轻度流失的面积大幅度下降,下降了 70.4%。由于近年来开发建设项目较多,局部动土动石的强度较大,极强烈及以上面积比 1999 年增加 2.95 km²,约占 230.5%。

1.5.1.2　水土流失成因

水土流失是自然因素和人为因素综合作用所致。根据现场调查,余杭区小流域水土流失受降雨、地形、地质、土壤、植被等因素影响,主要形式为水力侵蚀,西部山区为保护中心,雨量多而集中,易造成冲刷、滑坡。监测小流域所在的百丈、鸬鸟、瓶窑、黄湖、径山、闲林、中泰、余杭等乡(镇)其成土母质多数为凝灰岩、流纹岩、砂岩和各种岩化体的坡积物,土体中泥沙砾石混杂,质地砂黏各异,土层厚薄不一,多数土壤保蓄能力差,易受雨水侵蚀,造成水土流失。

余杭区造成水土流失人为因素主要有:茶园改造、经果林改造、坡耕地开垦、矿山开采、基础设施建设等。余杭区茶园分布较广,且面积仍在增加,现有园地下裸露面积较大,其流失强度以轻度、中度为主。

余杭区发生水土流失土地利用类型中范围最广、面积最大的是林地,其次是园地、采矿用地等。林地水土流失分布集中,除林分质量不高、山体岩石裸露外,部分林地改造成茶园、经果林、坡耕地也是水土流失的主要原因之一,园地和林地中的竹林的耕作、施肥等农业生产活动频繁,水土流失强度大,所带来的危害也较为严重。

改革开放以来,余杭区矿山开采逐步发展,大量矿山开采,引发较严重的水土流失。从 1998 年开始,余杭区对矿山进行整治,截至 2010 年,关、停、转矿山 297 家,完成治理 45 处。但是余杭区现状开挖区及未整治的矿山,仍是水土流失重点区。

近年来,交通、电力、城市基础设施建设、农村人居建设等开发建设项目日益增多,开发建设过程中的劈山开石、破坏植被等也直接加剧了水土流失,造成了严重的后果。

1.5.2　各流域水土流失现状

根据余杭区水土流失现状,结合各流域范围线,提取各流域水土流失信息,并绘制流域水土流失现状图,具体见表 1-5。流域所在乡(镇、街道)现状水土流失情况见表 1-6。

表 1-5　各流域水土流失现状

序号	流域名称	流域面积(km²)	流失比例(%)	水土流失面积(km²)						所属乡(镇、街道)
				轻度	中度	强烈	极强烈	剧烈	小计	
1	鸬鸟溪	28.67	2.72	0.24	0.34	0.16	0.04	0	0.78	鸬鸟镇
2	太平溪	32.59	2.52	0.33	0.30	0.14	0.05	0	0.82	鸬鸟镇
3	十里渠	12.89	4.19	0.28	0.16	0.06	0.04	0	0.54	瓶窑镇
4	塘埠溪	16.98	3.30	0.32	0.18	0.04	0.02	0	0.56	瓶窑镇
5	黄湖溪	96.57	3.58	1.34	1.30	0.61	0.21		3.46	黄湖镇
6	青山溪	21.94	2.32	0.18	0.15	0.14	0.04	0	0.51	黄湖镇
7	斜坑溪	18.78	5.27	0.53	0.30	0.13	0.03	0	0.99	径山镇
8	南沟溪	5.79	1.90	0.08	0.01	0	0.01	0.01	0.11	径山镇
9	灵项溪	22.03	4.72	0.35	0.34	0.14	0.09	0.12	1.04	闲林街道
10	直路溪	20.00	14.35	0.59	0.72	0.78	0.45	0.33	2.87	中泰街道
11	铜山溪	14.70	9.66	0.41	0.41	0.48	0.10	0.02	1.42	中泰街道
12	百丈溪 12#	17.29	2.49	0.22	0.18	0.01	0.01	0.01	0.43	百丈镇
13	百丈溪 13#	46.47	3.68	0.71	0.57	0.33	0.08	0.02	1.71	百丈镇
14	大洋圩	7.32	2.73	0.16	0.04	0	0	0	0.20	余杭街道
15	四岭溪	56.20	2.72	0.73	0.55	0.18	0.07	0	1.53	径山镇

注:黄湖溪流域面积包括了上游的鸬鸟溪和百丈溪面积。

表 1-6　流域所在乡(镇、街道)现状水土流失 （单位:km²）

乡(镇、街道)	无明显	水土流失面积						土地面积	流失比例（%）
		轻度	中度	强烈	极强烈	剧烈	小计		
鸬鸟镇	67.76	0.70	0.88	0.36	0.10	0.01	2.05	69.81	2.94
瓶窑镇	123.51	1.88	1.60	0.52	0.17	0.10	4.27	127.78	3.34
黄湖镇	56.17	0.58	0.72	0.21	0.06		1.57	57.74	2.72
径山镇	137.01	4.55	1.71	0.59	0.18		7.03	144.04	4.88
闲林街道	51.83	0.80	1.23	0.35	0.20	0.30	2.88	54.71	5.26
中泰街道	65.40	3.21	3.81	1.62	0.65	0.52	9.81	75.21	13.04
百丈镇	57.88	0.72	0.83	0.58	0.20	0.02	2.35	60.23	3.90
余杭街道	91.37	3.14	1.46	0.32	0.11	0	5.03	96.40	5.22

由表 1-5 可知,大部分小流域水土流失比例低于全区平均水平 3.47%,其中直路溪和铜山溪的水土流失比例高于全区平均水平,且直路溪和铜山溪强烈以上水土流失比例明显高于其他流域,直路溪和铜山溪所在的区域是余杭区的主要开采区,强烈及以上水土流失主要是矿山开采造成的。近年来中泰街道的各矿场期限已至,逐步在进行关停。大部分流域的水土流失比例低于或接近于所在乡(镇)的平均水平,十里渠、斜坑溪和直路溪 3 个乡(镇)的水土流失比例高于所在乡(镇)的平均水平,十里渠的竹制品产业、斜坑溪的造地项目以及直路溪的矿山开采是造成水土流失的主要原因。

1.6　典型小流域现状调查

在收集资料的基础上,项目组在每年度汛期开始前对监测流域进行了实地调查,主要调查内容包括小流域地形地貌、植被、土壤、土地利用、开发建设项目情况等。

项目组收集了各小流域的历年遥感影像图,结合流域内的土地利用和水土流失现状,优先选择流失图斑较大、水土流失较严重区域进行现场调查。

1.6.1　1#鸬鸟溪流域

鸬鸟溪流域位于鸬鸟镇,发源于安吉石门山,从鸬鸟后畈进入余杭境内,至白沙与百丈溪汇合入黄湖溪,最终汇入北苕溪。沿途有全城坞溪、前庄溪、横山溪、园区溪、白沙溪、白沙坞溪、青山溪等河流汇入。

鸬鸟溪监测断面位于鸬鸟溪与百丈溪汇合口上游附近的旧白沙桥下,监测断面以上流域面积 28.67 km²。

监测断面以上流域内地貌以山区丘陵为主,根据现场调查,流域内土壤以黄壤土、红壤土和水稻土为主,土壤有一定的含沙量,黄壤土和红壤土主要分布在海拔较高的山地上,水稻土主要分布在丘陵岗坡、山地缓坡和河谷处。流域内土地利用形式多样,包括耕地、园地、林地等,园地中果园面积较大(主要栽植梨树和桃树),林地以竹林为主。

鸬鸟溪流域开发集中在山丘和缓坡平坦处,由于鸬鸟镇政府对山林进行了严格的封山育林保护,所以山体的陡坡开发活动比较少见。

鸬鸟溪的水土流失主要分布在居民点附近的山丘区,以竹林和疏林地为主。

鸬鸟溪流域影像和流失图斑分布见图1-1,监测断面和流域现状见图1-2。

图1-1　鸬鸟溪流域影像和流失图斑分布

1.6.2　2#太平溪流域

太平溪流域位于鸬鸟镇,太平溪由西向东流,汇入四岭水库。沿途有下余溪、泥墙弄溪、太公堂溪、后坞溪、祝家湾溪等河流汇入。太平溪流域监测断面位于四岭水库汇入口处的万石桥下,监测断面以上流域面积32.59 km²。

太平溪流域和鸬鸟溪流域紧邻,且位于同一乡(镇),两条流域在地形地貌、土壤植被、土地利用形式等方面比较接近,和鸬鸟溪流域相比,因太平溪流域是径山国家森林公园的一部分,流域中上游是《杭州径山·山沟沟国家森林公园总体规划》中的山沟沟乡村体验区,故太平溪流域生态环境保护更受重视。该区域的特色是在保护环境现状的基础上,发展生态旅游。流域内禁止乱砍乱伐,山林得到了充分的保护。

太平溪流域水土流失特点与鸬鸟溪类似,流失图斑主要分布在山丘区的疏林地、竹林和坡耕地,大块的图斑为坡耕地区域,主要为历史遗留问题。

太平溪流域影像和流失图斑分布见图1-3,监测断面和流域现状见图1-4。

图 1-2　监测断面和流域现状

图 1-3　太平溪流域影像和流失图斑分布

1.6.3　3#十里渠流域

十里渠流域位于瓶窑镇,十里渠自西向东流,直接汇入东苕溪,沿途纳奇坑溪、板石

图 1-4　监测断面和流域现状

溪、石濑小港等支流。十里渠监测断面位于老 104 国道加油站西侧桥下,监测断面以上 2.0 km 河道坡度较缓,上游山区性河道河势湍急。监测断面以上流域面积 14.96 km²。监测断面以上流域内地貌以山区丘陵为主,根据现场调查,流域内土壤以黄壤土、红壤土和水稻土为主。流域内土地利用形式多样,包括耕地、园地、林地等,林地以竹林为主,瓶窑镇是竹笋之乡,每年举办"竹笋节"。十里渠流域除进行封山育林外,大多数露天采石矿场逐步关闭。流域内水土流失图斑面比较分散,零星图斑主要分布在农居附近的山坡上,该区域大部分为茶园和果园,林下植被稀疏;大块图斑主要为矿山区域。十里渠流域影像和流失图斑分布见图 1-5,监测断面和流域现状见图 1-6。

1.6.4　4#塘埠溪流域

塘埠溪流域位于瓶窑镇,为石门水库下游泄水河道,由西北向东南流,直接汇入北苕溪,沿途纳西坞溪。塘埠溪监测断面位于塘埠大桥下,监测断面以上流域面积 16.98 km²。塘埠溪和十里渠均位于瓶窑镇内,相距较近,两条流域在地形地貌、土壤植被、土地利用形式等方面相差不大。塘埠溪流域水土流失图斑比较零散,流失区域主要为茶园、竹林和坡耕地。大块的流失图斑为造地形成的苗圃和果园。塘埠溪流域影像和流失图斑分布见图 1-7,监测断面和流域现状见图 1-8。

图1-5　十里渠流域影像和流失图斑分布

图1-6　监测断面和流域现状

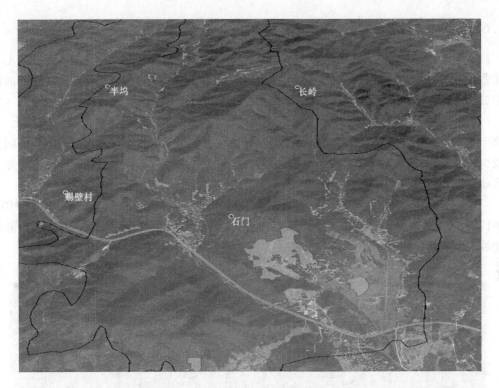

图 1-7　塘埠溪流域影像和流失图斑分布

图 1-8　监测断面和流域现状

1.6.5　5#黄湖溪流域

　　黄湖溪流域位于黄湖镇,起始点接鸬鸟溪和百丈溪汇水,由西北向东南流,最终汇入北苕溪,沿途纳西畈溪、黄泥潭溪、青山溪、赐壁溪、仕村溪等小支流。黄湖溪监测断面位于黄湖集镇三桥处,监测断面以上流域面积96.57 km²。

　　监测断面以上流域内地貌以山区丘陵为主,根据现场调查,流域内土壤以黄壤土、红壤土和水稻土为主。流域内土地利用形式多样,包括耕地、园地、林地等,园地中果园面积较少,茶园面积大;林地以竹林为主,有早竹、毛竹、淡竹等,种类较多,竹笋和竹制品加工产业是重要产业。

　　据现场调查,监测期间本流域的大型开发建设项目为杭长高速,建设年限为2010~2012年。监测前期(2010~2012年)流域内有几处造地项目,后期(2013~2015年)有新的陡坡开发项目。黄湖溪流域的水土流失区域主要为造地项目和矿坑。

　　黄湖溪流域影像和流失图斑分布见图1-9,监测断面和流域现状见图1-10。

图1-9　黄湖溪流域影像和流失图斑分布

1.6.6　6#青山溪流域

　　青山溪流域位于黄湖镇,属黄湖溪支流,上游有两条支流汇入,每条支流上各有一座水库,分别是石扶梯水库和大马湾水库,两座水库下游泄水河道交汇处以下为青山溪。青山溪监测断面位于洞口桥下,青山溪与北苕溪交汇口上游,监测断面以上流域面积21.94 km²。青山溪与黄湖溪地形地貌、土壤植被、土地利用等情况比较相似。青山溪水土流失区域主要为疏林地、竹林、果园和坡耕地,水土流失图斑比较集中。青山溪流域影像和流失图斑分布见图1-11,监测断面和流域现状见图1-12。

图 1-10　监测断面和流域现状

图 1-11　青山溪流域影像和流失图斑分布

1.6.7　7#斜坑溪流域

斜坑溪流域位于径山镇,为龙潭水库下游泄水河道,由西北向东南流,直接汇入中苕

图 1-12　监测断面和流域现状

溪,沿途纳榆树溪等支流。斜坑溪监测断面位于平山桥下,监测断面以上流域面积 18.78 km²。

　　监测断面以上流域内地貌以山区丘陵为主,山势较高,根据现场调查,流域内土壤以黄壤土、红壤土和水稻土为主,土质肥沃,结构疏松,适宜种植径山茶。流域内土地利用形式多样,包括耕地、园地、林地等,园地中茶园占的比重较大。流域上游是《杭州径山·山沟沟国家森林公园总体规划》中的径山禅茶文化体验与健康促进区,区域的特色是在保护环境现状的基础上,发展生态旅游。流域内禁止乱砍乱伐,山林植被保存较好。

　　斜坑溪水土流失区域主要为茶园、坡耕地和造地区域,部分茶园为林地改造而成,改造时多为全垦种植,加上后期茶园的耕作和施肥等农业生产活动频繁,水土流失强度较大。斜坑溪流域影像和流失图斑分布见图 1-13,监测断面和流域现状见图 1-14。

图 1-13　斜坑溪流域影像和流失图斑分布

1.6.8　8#南沟溪流域

　　南沟溪流域位于径山镇,发源于径山镇西南麓,由西南向东北流,直接汇入中苕溪,沿

图 1-14　监测断面和流域现状

途有南沟支流汇入。南沟溪监测断面位于长乐村桥下,监测断面以上流域面积 5.79 km²。

　　监测断面以上流域内地貌以山区丘陵为主,根据现场调查,流域内土壤以黄壤土、红壤土和水稻土为主。流域内土地利用形式多样,包括耕地、园地、林地等,园地除种植果树、茶树外,大量用作育苗地;林地以竹林为主。和斜坑溪不同,南沟溪流域不属于径山国家森林公园。

　　南沟溪的水土流失集中在水库上游的区域,土地利用类型为坡耕地和茶园,坡耕地为顺坡耕种,茶园中植被稀疏,有多处冲蚀沟。

　　南沟溪流域影像和流失图斑分布见图 1-15,监测断面和流域现状见图 1-16。

1.6.9　9#灵项溪流域

　　灵项溪流域位于闲林街道,为长溪水库下游泄水河道,由西南向东北流,沿途纳长子坞溪、大毛坞溪等支流流入杭州市西湖区。灵项溪流域监测断面位于里项桥下,监测断面以上流域面积 22.03 km²。监测断面以上流域内地貌以山区丘陵为主,地势相对较平坦。根据现场调查,流域内土壤以黄壤土、红壤土和水稻土为主。流域内土地利用形式多样,包括耕地、园地、林地等,林地以竹林为主。灵项溪流域 2001 年被评为“全国水土保持生态环境建设示范小流域”,闲林街道政府充分重视小流域生态保护工作,不存在乱砍乱伐现象,陡坡山地均不进行开发。

　　灵项溪流域的水土流失主要是石头矿山开采和开发建设项目实施造成的。灵项溪所

图 1-15　南沟溪流域影像和流失图斑分布

图 1-16　监测断面和流域现状

在的闲林街道是余杭区划定的规划开采区,有多处停采和正在开采的矿区。在项目进行期间,闲林水库也正在进行建设。

　　灵项溪流域影像和流失图斑分布见图 1-17。监测断面和流域现状见图 1-18。

图 1-17　灵项溪流域影像和流失图斑分布

图 1-18　监测断面和流域现状

1.6.10 10#直路溪流域

直路溪流域位于中泰街道,为上皇庙水库下游泄水河道,由西南向东北流,沿途纳横路溪、杭变新溪等支流后汇入蒋家潭港。直路溪流域监测断面位于9号门桥下,监测断面以上流域面积20.00 km²。监测断面以上流域内地貌以山区丘陵为主,低山较多,根据现场调查,流域内土壤以黄壤土、红壤土和水稻土为主。流域内土地利用形式多样,包括耕地、园地、林地等,园地中果园面积较小,育苗地较多;林地以竹林为主,多产苦竹,用于加工竹笛。直路溪大多数露天采石矿场逐步关闭,目前流域内基本无采石场在运行生产。

中泰全街道苦竹面积2.8万亩(1 亩 = 1/15 hm²,下同),创建有全国唯一的"苦竹种质资源库",成为国家级苦竹定向培育标准化示范区,被浙江省政府命名为"苦竹之乡"。

直路溪的水土流失图斑分布密集,集中分布在两处:一处是居民点周边,主要是坡耕地、茶园以及竹林区域;另外一处是矿山区域,直路溪流域以前是余杭区白云矿的主产区,现有多座关停的矿坑。

直路溪流域影像和流失图斑分布见图1-19,监测断面和流域现状见图1-20。

图 1-19 直路溪流域影像和流失图斑分布

1.6.11 11#铜山溪流域

铜山溪流域位于中泰街道,发源于中泰街道西南麓,由西南向东北流,在南湖进水口处直接汇入东苕溪。铜山溪流域监测断面位于跳头桥下,监测断面以上流域面积14.70 km²。铜山溪和直路溪流域地形地貌、土壤植被、土地利用形式以及水土流失特点等情况比较相似。铜山溪和直路溪是中泰街道规划开采区的主要区域,停采和正在开采的矿场数量较多,停采的矿场尚未全部进行整治,水土流失比较严重。铜山溪流域影像和流失图斑分布见图1-21,监测断面和流域现状见图1-22。

图 1-20　监测断面和流域现状

图 1-21　铜山溪流域影像和流失图斑分布

1.6.12　13#百丈溪流域

百丈溪流域位于百丈镇,百丈溪发源于百丈镇北麓,由西北向东南流,沿途纳余坞溪、

图 1-22　监测断面和流域现状

里百丈溪、仙岩溪、新安溪、罗窑溪、金竹坞溪、洞桥溪等河流,在鸬鸟镇与鸬鸟溪汇合后汇入黄湖溪,最终汇入北苕溪。13#百丈溪监测断面位于百丈镇溪口村溪口桥下,监测断面以上流域面积为 46.47 km²。

监测断面以上流域内地貌以山区丘陵为主,山势较高,根据现场调查,流域内土壤以黄壤土、红壤土和水稻土为主,含沙量较高,俗称香灰土。流域内土地利用形式多样,包括耕地、园地、林地等;林地以竹林为主,多产毛竹,用于加工竹制品。

毛竹加工业是百丈镇的重要产业,近年来陆续获得"省毛竹之乡""中国竹制品名镇""省竹木产业强镇"等称号。

百丈溪流域水土流失集中在国道两侧和居民点周边,土地类型为林地、坡耕地和茶园,竹林下缺少植被覆盖、茶园生产活动频繁和顺坡耕种是造成水土流失的主要原因。

13#百丈溪流域影像和流失图斑分布见图 1-23,监测断面和流域现状见图 1-24。

1.6.13　14#大洋圩流域

大洋圩流域位于余杭街道,甘岭和官塘水库下泄支流汇合后就是大洋圩,大洋圩最终汇入南苕溪。大洋圩流域监测断面位于大板桥下,甘岭和官塘水库下泄河道交汇口附近,监测断面以上流域面积 7.32 km²。

监测断面以上流域内地貌以山区丘陵为主,地势较平坦。根据现场调查,流域内土壤以黄壤土、红壤土和水稻土为主。流域内土地利用形式多样,包括耕地、园地、林地等,园地中茶园和育苗地较多;林地以竹林为主。大洋圩流域的水土流失图斑零星分散在茶园

图 1-23　13#百丈溪流域影像和流失图斑分布

图 1-24　监测断面和流域现状

和坡耕地区域。大洋圩流域影像和流失图斑分布见图 1-25，监测断面和流域现状见图 1-26。

图 1-25　大洋圩流域影像和流失图斑分布

1.6.14　15#四岭溪流域

四岭溪位于径山镇,为四岭水库下游泄水河道,由西向东流,直接汇入北苕溪。四岭水库位于径山镇四岭村,库区有太平溪汇入,水库集雨面积 71.6 km²,总库容 2 782 万 m³,是一座以防洪为主,结合供水、灌溉、发电等综合利用的中型水库。四岭溪流域监测断面位于双黄路桥下,监测断面以上流域面积 56.20 km²。

监测断面以上流域内地貌以山区丘陵为主,根据现场调查,流域内土壤以黄壤土、红壤土和水稻土为主,部分土壤土质肥沃,结构疏松,适宜种植径山茶。流域内土地利用形式多样,包括耕地、园地、林地等,园地中育苗地和茶园占的比重较大。《杭州径山·山沟沟国家森林公园总体规划》中四岭湖水生态保护区和双溪综合休闲区位于流域内,区域的特色是在涵养水源、保护环境的基础上,发展生态旅游。流域内禁止乱砍乱伐,山林植被保存较好。四岭溪水土流失集中在茶园和坡耕地区域,作为径山茶的主产区,茶园在流域内分布比较广泛,是水土流失的重点区域。四岭溪流域影像和流失图斑分布见图 1-27,监测断面和流域现状见图 1-28。

图 1-26　监测断面和流域现状

图 1-27　四岭溪流域影像和流失图斑分布

图 1-28　监测断面和流域现状

1.6.15　16#北苕溪流域

　　北苕溪由百丈溪、鸬鸟溪、太平溪、黄湖溪和四岭溪、双溪汇合而成,长 46.50 km。鸬鸟溪为北苕溪主源,发源于安吉石门山,从鸬鸟后畈进入余杭境内,至白沙与百丈溪汇合进入黄湖,又汇黄湖溪,至东山接纳青山溪、赐壁溪,至双溪竹山村与四岭溪(太平溪下游)汇合后称北苕溪,至张堰横山庙下游从径山镇(原长乐镇)东北、瓶窑镇南部汇入东苕溪。张堰以上流域面积 310.40 km²。在张堰附近有北湖分洪区。北苕溪流域监测断面位于径山镇潘板桥下,余杭境内监测断面以上流域面积 240.43 km²,监测断面和流域现状见图 1-29。

图 1-29　监测断面和流域现状

1.6.16　17#中苕溪

中苕溪为东苕溪主要支流,发源于临安市高虹镇石门与安吉县交界的青草湾岗,主峰海拔 1 073.9 m。中苕溪主源猷溪自美岭坑向东南流经大山村、石门、水涛庄,至高乐汇仇溪,称中苕溪。猷溪长 22.5 km,处中低山深谷区。大山至龙头舍间,溪底巨石相接;龙头舍至拜节庙间,溪宽约 30 m,两岸崖石壁立;拜节庙至大仁寺间,谷形狭窄蜿蜒,惟水涛庄段河谷宽阔,在 55~200 m。下城折经安村,至勾山脚汇白水溪;东流于下塘楼入余杭境。流域监测断面位于径山冷水桥下,余杭境内监测断面以上流域面积 12.58 km²,监测断面和流域现状见图 1-30。

图 1-30　监测断面和流域现状

1.6.17　18#南苕溪

东苕溪干流余杭镇以上称南苕溪,干流长 63 km,流域面积 720 km²。发源于东天目山的水竹坞,南流经里畈水库至桥东村,与东天目山南部各溪聚汇后,东流经临安市区,尔后进入青山水库,出水库东流至余杭区中泰、余杭街道。流域监测断面位于中泰街道九峰桥下,余杭境内监测断面以上流域面积 16.06 km²。监测断面和流域现状见图 1-31。

图 1-31　监测断面和流域现状

1.7　典型小流域百丈溪现状调查

百丈溪 12#典型流域的监测断面位于百丈镇的集镇处,百丈大酒店南侧约 200 m 处,监测断面以上流域面积为 17.29 km²。

流域内地貌以山区丘陵为主,山势较高,根据现场调查,流域内土壤以黄壤土、红壤土和水稻土为主,含沙量较高,俗称香灰土。流域内为典型的农业区,土地利用类型以林地、耕地和园地为主,林地面积约占流域总面积的 85.7%,主要树种为马尾松、毛竹、香樟等。耕地主要种植水稻、甘薯、玉米和蔬菜;园地中的果园主要为梨园、桃园和香榧等,流域内实现了牲畜禁养,也没有工业污水排放。

百丈溪流域耕地较少,高山陡坡开发在流域内分布较多,主要种植茶树和果树。山地开发方式比较传统,大部分区域进行了全垦开发和顺坡耕种。

百丈溪流域水土流失区域主要为林地、茶园和坡耕地,林地的水土流失除林分质量不高、山体岩石裸露外,部分林地改造成茶园、经果林、坡耕地也是水土流失的主要原因。林地内的土壤含沙量较高,坡度较陡,改造后地表无覆盖,降雨时易造成较严重的水土流失。百丈溪流域林地中有大面积的竹林,为了生产方便,林中建有林道,林道基本采用泥结路面,开挖方边坡裸露,易被冲蚀。

百丈溪 12#流域影像和流失图斑分布见图 1-32,监测断面和流域现状见图 1-33。

图 1-32　百丈溪 12#流域影像和流失图斑分布

图 1-33　监测断面和流域现状

1.8　典型小流域治理成果

近年来,余杭区将小流域水土流失治理作为水土保持工作的重点,财政每年安排一定资金对溪岸进行砌石加固、修建水库堰坝、清溪理渠,对荒地、疏林地和水库区域周围等敏感地带采取封山育林,培育水土保持林和水源涵养林,有计划等高种植水保经济林等措施。2002 年以来,余杭区在现状调查的基础上,分别对各条小流域进行综合治理规划,分轻重缓急列出治理项目,采取综合措施治理山、水、田、林、路,至 2012 年,完成多条小流域的综合治理,治理总面积 265.37 km²,占小流域总面积的 63.24%,累计投入资金总额10 744.77 万元,溪岸砌石 125.01 km,建排灌水渠 64.42 km,沉沙池 9 座,水库维护加固15 座,新建堰坝 80 座,加固堰坝万元,改造中低产田 4.83 万亩,完成溪道砌石 135.50

km、加固 69 座,建蓄水池 6 座,加固砌石挡墙 5 311 m,渠系建筑物 1 685 座。通过治理,流域内沟渠通畅,防洪标准达到 5~10 年一遇,社会经济效益与生态效益显著。各小流域治理情况汇总见表 1-7。

表 1-7　各小流域治理情况汇总

序号	流域名称	流经乡镇	整治情况	实施年限
1	鸬鸟溪	鸬鸟	已整治	2007~2008 年
2	太平溪	鸬鸟	已整治	2009~2010 年
3	十里渠	瓶窑	已整治	2007~2008 年
4	塘埠溪	瓶窑	已整治	2010~2011 年
5	黄湖溪	黄湖	已整治	2002~2004 年
6	青山溪	黄湖	已整治	2002~2004 年
7	斜坑溪	径山	已整治	2002~2004 年
8	南沟溪	径山	已整治	2009~2010 年
9	灵项溪	闲林	支流整治	2000~2001 年
10	直路溪	中泰	已整治	2004~2005 年
11	铜山溪	中泰	已整治	2011~2012 年
12	百丈溪 12#	百丈	已整治	2008 年年
13	百丈溪 13#	百丈	已整治	2008 年
14	大洋圩	余杭	已整治	2006 年
15	四岭溪	径山	已整治	2005~2006 年
16	北苕溪	百丈、黄湖、鸬鸟、径山、瓶窑	部分整治	2007~2012 年
17	中苕溪	径山、余杭、仓前	部分整治	2006~2012 年
18	南苕溪	余杭、中泰	部分加固	

第 2 章　浙江省典型小流域 水土流失监测方法

2.1　水土流失监测方法

2.1.1　概述

水土流失监测方法包括地面观测、调查监测、遥感监测等。

(1)地面观测包括径流小区、控制站、测钎、沉沙池、侵蚀沟量测、风蚀桥等方法,地面观测是对区域水土流失进行定量监测。

(2)调查监测包括查阅资料、询问、普查、巡查、典型调查、抽样调查等,调查监测是对流域水土流失现状和发展变化进行定性分析。

(3)遥感监测包括卫星遥感、航空遥感以及近景摄影测量等。

对实际小流域,为观测降雨情况下小流域的水土流失(养分)状况,同时根据对比观测来定量说明小流域综合治理效益,浙江省目前主要采用控制站的监测方法,在流域出口部位设立控制站,配备专用水工建筑设施及设备,采集降雨时的小流域信息,包括水位、流量、泥沙量等参数。控制站建筑物主要包括在出口断面设置堰坝及堰坝下游的沉沙池。

流域流量信息主要通过观测上下游水位来计算流量,通过观测井内水位计来自动记录水位变化,在水位计安装处设立水尺,以检验水位计是否准确,同时还可以对水位计观测到的水位进行标定。

流域泥沙包括悬移质和推移质,悬移质是悬浮在水流中与水流一起移动的泥沙,通过泥沙采样器采样后采用称重法进行样品检测;泥沙中的推移质采用沉沙池法进行测定,每次洪水过后沉沙池中的泥沙量就是推移质含量。

2.1.2　常规流域监测方法

根据本项目的特点,考虑到水土流失监测方法的适用性,常规监测和典型监测宜采用地面观测中的控制站监测方法。

(1)流量观测。小流域控制站监测方法需在流域出口断面设置流量监测设施(通常为堰坝)以及泥沙建设设施(沉沙池),省内控制站监测小流域面积均较小,不超过 1.0 km²,流域出口断面宽度较窄,易布设测量设施。本项目的常规监测流域监测断面处的河道宽度为 7~20 m,且河道均有行洪功能,不宜额外设置控制堰,只能利用原有堰坝,为了保证河道正常行洪,无法设置沉沙池。现状大部分流域监测断面处无控制堰或者控制堰破损严重,难以作为测流设施使用,而堰坝加固成本较高,因此本项目常规流域的断面流量不通过控制堰进行计算而是由小流域推理公式法进行计算。

（2）泥沙观测。河流泥沙包括水体中的悬移质和河床流动的推移质，水体中的悬移质含量通过采样器采样后称重测量，本项目监测流域出口河道断面均较宽，在降雨期间多点采样取得断面混合样十分困难，根据省内水文站的观测经验以及查阅相关资料可知，一般断面平均含沙量与断面上有代表性的某垂线或者测点含沙量（单位含沙量，简称单沙）存在着较好的相关关系，测断面的悬移质含沙量难度大，测单沙简单，且对降雨径流与泥沙流失量关系分析没有影响，因此悬移质含沙量观测采用单点观测的方法。

由于推移质需设沉沙池等设施进行泥沙收集，本项目的监测流域所在的河道均有防洪功能，为了保证行洪安全，无法设置沉沙池。浙江大学在《赋石水库流域水土流失和水环境监测》中采用泥沙输移比（泥沙流失量 = 悬移质含沙量/泥沙输移比）来计算泥沙流失量，成果获得肯定，项目借鉴该方法，泥沙流失量由悬移质含沙量进行概算。

2.1.3　典型流域监测方法研究

（1）流量观测。典型流域监测断面处河道宽度约为 10 m，原有 1 座控制堰，可利用其对流量进行观测，观测指标为控制堰前后的水位，水位通过水位尺读出。

（2）泥沙观测。典型流域泥沙观测的方法同常规流域，由悬移质含沙量推算泥沙流失量。

2.2　水土流失监测频次

2.2.1　常规监测频次

分析余杭区长系列降雨特性规律，确定水土流失特征因子监测时段与频次。本项目对降雨—径流—泥沙流失量的关系进行分析，因此监测工作在降雨时进行，需确定每年要监测的场次降雨量大小和需要监测的次数。监测时段主要集中在汛期，同时在非汛期进行本底值采样。

浙江省的降雨以 3 日降雨为主，产汇流方式为蓄满产流，一般情况下产流初损为 20~25 mm，后损和稳渗为 2 mm/h 左右。降雨量少时，降雨入渗后，难以产生径流或者径流量偏小，不是研究径流—水土流失规律的最佳时段，考虑到余杭区小流域下垫面条件好，植被覆盖度高，蓄水能力好，参考浙江省水利河口研究院对钱塘江流域降雨侵蚀的研究成果，项目组认为 3 日降雨量达到 40 mm 及以上时开展水土流失监测为宜。

通过收集余杭区境内余杭、百丈、横湖、瓶窑、塘栖和临平 6 个雨量站 1979~2008 年长系列降雨资料，统计分析 6 个雨量站的降雨区间分布，3 日雨量大于 40 mm 的降雨过程基本上出现在汛期，平均 6 次/年，其中 50~100 mm 的约 4 次/年，100 mm 以上的约 2 次/年。

综合考虑流域降雨特性及监测结果的代表性，监测频次按以下原则确定，在实际工作中，视年度降雨情况，进行适当调整。

（1）3 日雨量 40~100 mm 降雨监测 2 次/年;100 mm 以上降雨逐次监测,并考虑特大暴雨的多次采样因素,共计监测 5 次/年。

（2）考虑监测数据的连续性以及流域水土流失的背景值情况,非汛期安排监测 1 次。

（3）每个监测断面全年在不同时段共监测 6 次,其中汛期 5 次/年,非汛期 1 次/年。

2.2.2 典型监测频次

典型流域过程监测以 3 日降雨量达到 40 mm 为标准进行,与全流域常规监测保持一致。根据百丈溪流域上游的百丈站 1976~2008 年长系列降雨资料,百丈溪流域多年平均情况下,降雨总量达到 40 mm 的降雨场次约为 5 场,为保证年度监测场次能够达到要求,确定监测频次为 3 次/年。

流域出口的输沙率、总氮和总磷随时间变化,为获得较准确的数值,尽量减少测验误差,典型流域各项指标采样频次为 1 次/h。

2.3 水土流失监测指标

本项目的工作内容包括全流域常规监测和典型流域过程监测,其中全流域常规监测对 17 个流域的 18 个常规监测断面进行监测,监测指标包括悬移质含沙量及水体特征污染物总氮 TN、总磷 TP;典型流域过程监测对百丈溪 12# 断面进行悬移质含沙量、总氮 TN、总磷 TP 的连续采样监测。

2.4 水土流失采样与分析方法

流域内水沙样的正确采集和分析对本项目的顺利实施具有重要意义,也决定了研究成果的质量。本项目从水样采集到实验室分析均严格按照《河流悬移质泥沙测验规范》（GB 50159—92）、《水环境监测规范》（SL 219—98）等相关规程规范进行。

2.4.1 采样点位置

水沙样的采样点选择在每个被监测小流域的流域出口断面处,力求选择较少的监测点获取最具代表性的样品,在真实、客观地反映流域水环境质量及污染物特征的前提下节约人力。断面测点避开死水区及回水区,选择河段顺直、河岸稳定、水流平缓、无急流湍滩且交通方便处。

断面位置确定后,设置固定标志或记号,防止今后继续测量时出现位置偏差,影响数据分析。

2.4.2 水样采集

小流域生态系统中河道水体环境复杂,受多种自然、人为因素影响,流域含沙量和养分含量在不断变化,项目区内泥沙样品的合理采集是研究土壤流失过程变化、土壤养分循环以及降雨与水土流失关系规律的重要前提。

2.4.2.1　采样方式

监测区流域水深较浅,根据这一特点,确定以涉水采样方式为主,如遇汛期,在水流较急的河流中采样,考虑采样器与适当重量的铅鱼配合使用,完成采样。

2.4.2.2　采样方法与过程

在现场采样进行之前,先将所用的采样瓶用洗涤剂洗净,再用自来水冲洗干净。在采样之前,用即将采集的水样清洗3次。

现场采样时,首先使用容积足够大的洁净采样桶在采样断面若干测点处(3~5个),分别取满,然后倒入大桶,混匀,待桶内泥沙搅匀后,边搅动边用取样瓶进行浑水取样(约500 mL),盖严瓶塞。取回的浑水样即可用于实验室内测定含沙量及养分。重复这一过程,取平行样2个。采集完成的水样,制作张贴瓶签,写明采样地点、编号、现场情况、采样日期和采样者等项目,同时做好相应现场采样记录。现场采样见图2-1。

图 2-1　现场采样

2.4.3　实验室分析

水样采集完成后,委托专业检测机构进行实验室检测分析,其中全流域常规监测检测悬移质含沙量、TN 浓度和 TP 浓度;典型流域过程监测检测悬移质含沙量。

2.4.3.1　悬移质实验室检测方法

悬移质含沙量采用重量法进行实验室检测。

首先量取充分混合均匀的试样 100 mL 抽吸过滤,使水分全部通过滤膜。再以每次 10 mL 蒸馏水连续洗涤 3 次,继续吸滤以除去痕量水分。停止吸滤后,仔细取出载有悬移质的滤膜放在原恒重的称量瓶里,移入烘箱中于 $103 \sim 105\ ℃$ 下烘干 1 h 后移入干燥器中,冷却到室温,称其重量。反复烘干、冷却、称量,直至两次称量的质量差 $\leqslant 0.4\ mg$。

2.4.3.2　TN 实验室检测方法

TN 采用紫外分光光度法进行实验室检测。

首先,在 $120 \sim 124\ ℃$ 的碱性基质条件下,用过硫酸钾作氧化剂,将水样中氨氮、亚硝酸盐和水样中大部分有机氮化合物氧化为硝酸盐;然后,用紫外分光光度法分别于波长 220 nm 与 275 nm 处测定其吸光度,按公式计算硝酸盐氮的吸光度,从而算出总氮含量。

该方法的检测下限为 0.05 mg/L,上限为 4 mg/L。

2.4.3.3　TP 实验室检测方法

TP 采用钼锑抗分光光度法进行实验室检测。

先用过硫酸钾(或硝酸-高氯酸)为氧化剂,将未经过滤的水样消解,然后用钼酸铵分光光度法测定。在一定酸度和锑离子存在的情况下,磷酸根与钼酸铵形成锑磷钼混合杂多酸,它在常温下可迅速被抗坏血酸还原为钼蓝,在 650 nm 波长下测定。

该方法的检测下限为 0.01 mg/L,上限为 0.6 mg/L。

第 3 章　浙江省典型小流域降雨径流分析

3.1　降雨分析

影响水土流失的因素很多,降雨是其重要因素之一。自 1751 年罗蒙诺索夫首次谈到暴雨对土壤的溅蚀作用后,大量国内外学者进行了有关研究,取得丰硕成果。20 世纪 90 年代,降雨对水土流失影响的研究主要是在保证下垫面等因素不变的情况下,在实验室内通过模拟人工降雨进行。近年来,随着遥感遥测技术的发展、水土流失监测工作的逐步展开,降雨对水土流失的影响研究主要是在植被、坡面等影响因素变化的条件下进行,这种研究结果更切合实际情况,目前各地研究机构和学者针对黄土高原、东北黑土地区、新疆地区、南方红壤区等不同地区均开展了类似研究,降雨对水土流失的影响研究已经逐渐从单一可控的实验室条件下分析向实际野外复杂多变条件下转变。

余杭区多年平均降水量 1 390 mm,全年降水的 70%～80% 集中在梅汛期和台汛期,汛期是余杭区发生水土流失的重要时期。

3.1.1　雨量站

根据实际情况,各小流域就近选取不同的水文测站作为各自的参证站(参证站分布见附图 3),流域面积很小时,较长历时(如 3 d)的流域点面雨量的差别一般较小,可用点雨量代替面雨量,用雨量站的降雨量代表流域的平均降雨。

各流域及对应的雨量站情况见表 3-1 和附图 3。

3.1.2　全流域常规监测降雨情况统计

2010～2015 年度内,项目组对余杭区 18 个监测断面进行了 29 次水样采集监测,其中 5 次为本底采样,梅汛期采样 11 次,台汛期采样 13 次(台风雨时采样 5 次,分别为 2011 年 6 月 10 日、2011 月 8 月 30 日、2012 年 8 月 8 日、2014 年 8 月 17 日和 2015 年 8 月 10 日)。

常规监测流域降雨量见表 3-2。

3.1.3　典型流域过程监测降雨情况

2011～2015 年,项目组对余杭区的百丈溪 12# 监测断面进行了 15 次典型监测,采样时间集中在 5～9 月,在梅汛期和台汛期均有采样,其中台风雨期间采样 4 次,监测采样时间间隔为 1 h,典型流域场次降雨情况见表 3-3。

表 3-1　各流域雨量参证站选择汇总

序号	流域名称	监测特征断面位置	雨量站
1	鸬鸟溪	旧白沙桥下	仙伯坑
2	太平溪	万石桥下、四岭水库上游	馒头山
3	十里渠	老 104 国道加油站西侧桥下	骑坑
4	塘埠溪	塘埠大桥	石门
5	黄湖溪	黄湖集镇三桥	百丈
6	青山溪	洞口桥	石门
7	斜坑溪	平山桥	横畈
8	南沟溪	长乐村	横畈
9	灵项溪	里项桥下	向阳
10	直路溪	9 号门桥下	金竹畈
11	铜山溪	跳头桥下	金竹畈
12	百丈溪 12#	集镇处	百丈
13	百丈溪 13#	溪口桥下	百丈
14	大洋圩	大板桥下	皮山坞
15	四岭溪	双黄路桥下	四岭
16	北苕溪	径山潘板桥下	潘板
17	中苕溪	径山冷水桥处	北湖
18	南苕溪	中泰九峰桥下	余杭、南湖

表3-2　常规监测流域降雨量汇总

（单位：mm）

场次降雨量

流域	2010年				2011年				2012年					2013年		2014年			2015年					
	6月18日	7月30日	10月13日	10月25日	6月6日	6月10日	8月9日	8月30日	3月7日	5月8日	5月30日	6月8日	8月8日	10月10日	5月13日	6月23日	8月17日	9月23日	5月8日	7月6日	8月10日	8月20日	9月29日	11月18日
鸬鸟溪	36.5	53.5	53.5	149.5	75.5	21.5	19	126	21.5	37	59.5	57.5	69.5	46.5	53.5	64	102	60	20	96	235	34.0	104	49
太平溪	45	47.5	53.5	117.5	117.5	27.5	21	91	45.5	34	71	52.5	51	45	47.5	64	94	84	20	98	187	35.8	95	56
十里溪	36	10.5	47	90.5	82.5	35	20	121.5	21.5	38	69.5	75	47	46	58	56	72	66	23	89	62	20.5	39	37
塘埠溪	32	17	47	64.5	77	36	20	123.5	23	33	53.5	59	59.5	42	44	56	52	62	19.5	80	51	81.0	29	39
黄湖溪	38.5	22.5	58	60.5	90.5	35.5	23.5	185	19.5	47	58	52.5	61.5	48.5	45	70	48	72	19.5	95	54	19.0	53	45
青山溪	32	17	47	64.5	77	36	20	123.5	23	33	53.5	59	59.5	48	39	56	52	62	17.5	103	86	22.5	67	43
斜坑溪	48	16	46	27.5	133	31.5	18	48	28	34	78.5	88.5	54	58	40	55	42	76	29.8	100	119	33.5	66	39
南沟溪	48	16	46	27.5	133	31.5	18	48	28	34	78.5	88.5	54	58	40	55	42	76	16.5	99	87	33.5	78	44
灵顶溪	60.5	19	60.5	80.1	109	39	13	56.5	32	25	53.5	122	56	50.5	38	73	64	87	15.5	107	58	21.0	53	63
直路溪	64.5	31.5	46.5	52.5	104	47	12.5	79.5	28	40	66	87	52	64.5	63	56	42	83	16.5	109	62	20.0	56	50
铜山溪	64.5	31.5	46.5	52.5	104	47	12.5	79.5	28	40	66	87	52	64.5	63	56	42	83	16.5	109	62	29.0	56	50
百丈溪 12#	38.5	22.5	58	60.5	90.5	35.5	23.5	185	20.5	47	58	52.5	61.5	48.5	45	70	48	72	20	85	160	54.5	71	53
百丈溪 13#	38.5	22.5	58	60.5	90.5	35.5	23.5	185	20.5	47	58	52.5	61.5	48.5	45	70	48	72	19.3	80	140	36.5	55	49
大洋圩	69.5	46.5	54.5	51.5	81.5	30.5	21	51.5	20	39	57	57	50	69.5	73	65	41	65	18.5	98	72	37.5	62	40
四岭溪	37	37.5	55	105	91	46.5	17	100	25	36	82	67	65	57	75	66	84	73	21.5	97	150	50.3	66	47
北苕溪	36.5	18	49.5	28	106	24	29.5	85.5	25.5	34	87	83.5	45	58	38	59	43	75	22	95	70	34.0	54	41
中苕溪	53.5	18.5	42.5	56.5	109	22	14.5	73.5	27	26	71	86	38	53.5	37	51	45	77	19.5	98	54	35.8	61	44
南苕溪	46.5	16	40	102.5	123	28.5	16	45	28.5	33	65	115	30	46.5	40	48	82	78	19	105	68	20.5	59	48

表 3-3　典型流域场次降雨情况　　　　　　　（单位:mm）

项目		降雨历时 （h）	降雨总量 （mm）	平均雨强 （mm/h）	1 h 最大降雨 （mm）
2011 年	6 月 9 ~ 12 日	61	126	2.07	12.5
	9 月 8 ~ 10 日	38	49	1.29	15
	9 月 29 日 ~ 10 月 2 日	59	41	0.69	3.5
2012 年	5 月 7 ~ 8 日	18	47.5	2.64	13.5
	5 月 29 ~ 31 日	34	68	2.00	9
	6 月 26 ~ 28 日	32	57.5	1.80	6.5
	8 月 2 ~ 4 日	50	50.5	1.01	33.5
	8 月 7 ~ 9 日	51	206.5	4.05	19.5
2014 年	6 月 20 ~ 21 日	42	66.5	1.58	15
	6 月 25 ~ 28 日	68	86.5	1.27	18.5
	9 月 22 ~ 24 日	33	60.5	1.83	5
2015 年	5 月 15 日	11	14.5	1.32	4.5
	6 月 7 ~ 9 日	41	73	1.78	6.5
	6 月 15 ~ 18 日	75	54.5	0.73	10.5
	7 月 10 ~ 13 日	41	128.5	3.13	8

3.2　径流分析

3.2.1　常规监测径流计算

各小流域产汇流方式为蓄满产流,产流采用初损后损方法,同时考虑前期雨量对产流的影响。汇流采用浙江省小流域推理公式法计算流量,公式如下:

$$Q_{\mathrm{m}} = 0.278i_{\mathrm{p}}F = 0.278\frac{h_{\mathrm{R}}}{\tau}F \tag{3-1}$$

式中:Q_{m} 为洪峰流量,m³/s;0.278 为单位换算系数;h_{R} 为时段内净雨量,mm;τ 为汇流时间,h;F 为断面以上集雨面积,km²。

根据式(3-1)由各流域降雨量计算径流量,常规监测场次降雨径流总量见表 3-4。

表 3-4 常规监测各流域场次降雨径流量汇总

（单位：万 m³）

场次降雨径流总量

流域	2010年 6月28日	2010年 7月30日	2010年 10月13日	2010年 10月25日	2011年 6月6日	2011年 6月10日	2011年 8月9日	2011年 8月30日	2012年 3月7日	2012年 5月8日	2012年 5月30日	2012年 6月8日	2012年 8月8日	2013年 10月10日	2014年 5月13日	2014年 6月23日	2014年 8月17日	2014年 9月23日	2015年 5月8日	2015年 7月6日	2015年 8月10日	2015年 8月20日	2015年 9月29日	2015年 11月18日
鸣鸟溪	24	92	26	300	86	1	11	260	19	36	90	77	86	33	82	112	252	100	16	178	598	76	229	82
太平溪	65	80	34	233	117	13	41	191	59	36	139	75	117	65	73	127	225	225	20	208	521	92	231	112
十里渠	14	10	27	59	45	12	1	115	1	17	54	55	45	34	37	40	61	53	12	73	53	14	26	25
塘埠溪	13	3	31	49	51	20	2	165	3	17	36	49	51	32	35	53	46	63	10	82	53	36	17	37
黄湖溪	111	24	217	101	101	126	17	1 435	34	208	285	227	454	130	193	435	222	454	53	594	324	220	309	253
青山溪	17	3	41	64	66	25	1	213	3	22	46	64	66	49	20	68	59	81	9	149	138	16	97	55
斜坑溪	44	9	31	19	155	14	5	37	8	23	94	102	155	43	28	56	32	152	29	120	184	127	79	42
南沟溪	14	3	10	6	48	4	2	11	2	7	29	32	48	33	29	17	10	47	1	38	38	4	32	15
灵顶溪	68	8	63	69	115	26	7	53	9	6	61	187	115	78	29	106	86	137	4	158	84	22	68	43
直路溪	70	22	38	19	100	39	4	93	5	8	19	12	21	79	76	62	34	116	6	150	83	40	66	47
铜山溪	52	16	28	14	74	29	3	68	4	6	14	12	15	58	56	46	25	85	4	110	61	29	49	34
百丈溪 12#	20	4	39	18	81	21	4	257	6	37	51	41	81	23	35	78	40	81	28	89	238	14	85	59
百丈溪 13#	53	12	105	49	218	56	11	689	16	100	137	109	218	63	93	209	107	218	72	222	548	33	157	109
大洋圩	28	19	17	7	28	5	2	18	2	10	22	18	28	33	50	29	22	29	4	46	38	11	30	17
四岭溪	70	81	135	351	242	118	8	399	8	65	60	31	70	67	281	230	332	270	42	351	719	230	275	157

3.2.2　典型监测径流计算

常规流域采用推理公式法计算径流,推理公式法中的参数 m 值的大小取决于流域的自然地理特性,与流域的下垫面因素关系密切,是一个反映流域综合型因素的参数,而下垫面条件比较复杂,计算时按照经验公式进行,难免实际情况存在小范围的偏差。而实测径流又存在难度大、经费高等问题。因此,典型流域通过监测断面处控制堰上下游水位来进行流量计算,具体计算公式如下:

$$Q = \sigma_s \varepsilon m b \sqrt{2g} H_0^{3/2} \tag{3-2}$$

式中: Q 为监测断面过流量, m^3/s ; σ_s 为淹没系数; ε 为侧收缩系数; m 为自由溢流的流量系数; b 为控制堰净宽, m ; H_0 为包括行进流速水头的堰前水头, m 。

实际监测中,在取样的同时,分别根据上下游的水位尺,记录堰坝上下游的水位,根据水位进行流量计算。由于堰坝略不规则,实际计算过程中,堰顶宽度采用等效宽度来代替。

监测年度内,典型流域共进行监测 14 次,降雨信息汇总见表 3-5,典型流域降雨径流关系见图 3-1。

表 3-5　典型流域场次降雨信息汇总

项目		降雨历时(h)	降雨总量(mm)	径流总量(万 m^3)
2011 年	6 月 9~12 日	61	126	145.1
	9 月 8~10 日	38	49	35.4
	9 月 29 日~10 月 2 日	59	41	9.4
2012 年	5 月 7~8 日	18	47.5	37.1
	5 月 29~31 日	34	68	94.0
	6 月 26~28 日	32	57.5	54.9
	8 月 2~4 日	50	50.5	40.5
	8 月 7~9 日	51	206.5	277.4
2014 年	6 月 20~21 日	42	66.5	52.7
	6 月 25~28 日	68	86.5	83.9
	9 月 22~24 日	33	60.5	39.8
2015 年	5 月 15 日	11	14.5	6.7
	6 月 7~9 日	41	73	92.1
	6 月 15~18 日	75	54.5	49.2
	7 月 10~13 日	41	128.5	188.1

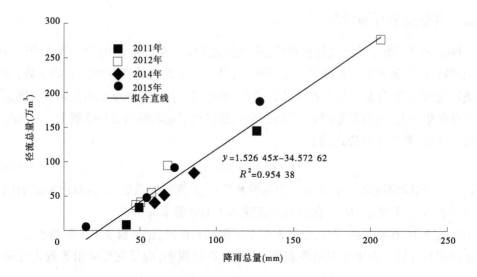

图 3-1　典型流域降雨和径流关系

第 4 章　浙江省典型小流域现场监测

4.1　监测准备

本项目对降雨过程进行采样,因此降雨前需抵达采样现场,降雨信息的获得主要依靠天气预报,目前中央、省、地气象台目前提供的降雨预报服务主要项目有:

(1)每天 19:30 通过电视向公众发布未来 24 h、48 h、72 h 中国 49 个主要地市天气预报(包括降雨量级预报)。

(2)每日发布 2 次天气公报,预报影响中国的天气系统移动趋势,预报其未来 24 h、48 h、72 h 影响的区域范围与程度。

(3)每日 8:00、14:00、20:00 时发布未来 5~10 日内间隔 6~12 h 地面与高空不同层面的数值预报图。

(4)每日 2:00、8:00、14:00、20:00 时发布未来 5~10 日内间隔 6 h 降雨等值线图。

(5)每日间隔 1 h 左右发布一次卫星云图。

(6)每日 2:00、8:00、14:00、20:00 时发布未来 24 h、48 h、72 h 台风(或热带气旋)中心移动的经纬度、中心强度变化数值及图。

根据相关统计资料,24 h 天气预报的精度已达 90% 以上,而从获取天气预报信息到准备采样设施,最终到达采样现场能够在 24 h 内完成,因此现状天气预报能够满足监测需求。

4.2　常规监测

4.2.1　采样频次

2010~2015 年度内,项目组对余杭区 18 个监测断面进行了 29 次水样采集监测,其中 5 次为本底采样。

4.2.2　采样时刻

常规监测场次降雨采样时刻根据天气预报和实时降雨情况进行确定,一般将采样时刻定在降雨的中期,较大小时降雨之后。首先根据天气预报情况初步确定降雨历时,由此初步确定采样时刻,再根据实时降雨和后续的天气预报情况进行调整。汛期采样时刻汇总见表 4-1,常规监测采样时间见表 4-2。

表 4-1　常规监测讯期采样时间汇总

采样时间（时：分）

流域	2010年				2011年				2012年				2013年	2014年				2015年					
	6月18日	7月30日	10月13日	10月25日	6月6日	6月10日*	8月9日*	8月30日*	3月7日	5月8日	6月8日	8月8日*	10月10日	5月13日	6月23日	8月17日*	9月23日	5月8日	7月6日	8月10日*	8月20日	9月29日	11月18日
鸽鸟溪	10:00	10:00	10:32	9:00	9:00	7:00	7:00	9:00	9:45	10:30	9:00	9:00	10:00	9:00	7:00	9:00	9:00	7:00	10:00	9:00	16:00	10:00	15:30
太平溪	10:20	10:17	10:46	9:15	9:00	7:00	7:00	9:00	9:55	10:30	9:00	9:00	10:20	9:00	7:00	9:15	9:00	8:00	10:30	9:30	16:30	10:30	15:00
十里溪	8:30	8:12	8:07	7:00	9:00	7:00	7:15	9:00	10:30	10:30	9:00	9:00	8:30	9:00	7:15	7:00	9:00	7:30	10:00	9:30	16:00	10:00	15:20
塘坵溪	8:55	8:48	8:40	7:30	9:15	7:00	7:15	9:00	10:00	10:30	9:15	9:00	8:55	8:45	7:15	7:30	9:15	7:20	10:30	9:15	16:00	10:00	15:30
黄湖溪	9:00	8:55	8:58	7:45	9:15	7:15	7:15	9:15	10:00	10:30	9:00	9:00	9:00	8:45	7:15	7:45	9:15	7:15	10:00	10:00	16:15	10:20	15:45
青山溪	9:20	9:06	9:08	8:00	9:15	7:30	7:30	9:15	10:10	10:35	9:00	9:00	9:20	8:45	7:30	8:00	9:15	7:30	10:30	9:30	16:30	10:30	15:15
斜坑溪	11:50	11:35	11:20	10:00	9:30	7:15	7:30	9:15	11:00	10:45	9:15	9:00	11:50	9:15	7:30	8:00	9:30	8:00	10:30	9:30	16:00	10:30	15:00
南沟溪	12:23	11:50	11:38	10:22	9:30	7:15	7:30	9:00	10:15	10:45	9:00	9:00	12:20	9:00	7:30	10:30	9:30	7:30	10:00	9:15	16:15	10:20	15:00
灵项溪	13:42	13:05	13:13	11:58	9:00	7:30	7:30	9:00	10:15	10:45	9:00	9:45	13:40	9:00	7:00	12:00	9:00	7:00	10:15	9:00	16:15	11:00	15:20
直路溪	11:48	11:30	11:42	10:30	9:00	7:00	7:30	9:00	10:00	10:30	9:00	9:45	11:50	9:00	7:30	9:45	9:00	7:00	10:15	9:00	16:15	11:00	15:30
铜山溪	11:21	11:13	11:34	10:20	9:15	7:30	7:30	9:15	10:00	10:30	9:15	9:45	11:15	9:00	7:30	10:20	9:15	7:20	10:30	9:30	16:30	11:00	15:00
百丈溪12#	10:40	10:22	10:20	9:10	9:15	7:00	7:15	9:30	10:00	10:45	9:00	9:45	10:40	9:00	7:30	9:10	9:15	7:15	10:15	9:30	16:00	11:00	15:15
百丈溪13#	9:35	9:28	9:30	8:53	9:15	7:15	7:15	9:15	10:30	10:45	9:00	9:45	9:35	9:00	7:15	8:45	9:30	7:15	10:30	10:00	16:00	11:00	15:30
大洋圩	12:57	12:45	12:12	11:03	9:15	7:15	7:15	9:15	10:15	10:45	9:00	9:30	12:45	9:15	7:15	11:00	9:15	7:15	10:00	10:0	16:00	11:00	15:20
四岭溪	12:00	11:45	11:00	10:11	9:15	7:15	7:15	9:15	10:15	10:30	9:15	9:00	12:00	9:15	7:15	10:11	9:15	7:30	10:00	9:00	16:30	11:00	15:45
北茗溪	8:25	8:30	8:26	7:30	9:30	7:15	7:30	9:00	10:15	10:30	9:00	9:00	8:25	9:15	7:30	7:30	9:15	7:30	10:00	9:00	16:15	10:30	15:30
中茗溪	11:45	11:30	11:31	10:28	9:30	7:30	7:30	9:00	10:15	10:30	9:00	9:00	11:45	9:15	7:30	10:30	9:30	7:00	10:30	9:45	16:15	11:00	15:30
南茗溪	12:45	12:30	11:00	11:00	9:30	7:15	7:30	9:15	10:15	10:30	9:15	9:00	12:45	9:15	7:30	11:00	9:30	8:00	10:30	9:30	16:00	11:00	15:00

注：* 为台风期间采样。

表 4-2　常规监测采样时间

年份	采样次数（次）	采样时间						
		本底	降雨时					
		第 1 次	第 2 次	第 3 次	第 4 次	第 5 次	第 6 次	第 7 次
2010 年	5	3 月 17 日	6 月 28 日	7 月 30 日	10 月 13 日	10 月 25 日		
2011 年	5	3 月 20 日	6 月 6 日	6 月 10 日	8 月 9 日	8 月 30 日		
2012 年	6	3 月 7 日	3 月 27 日	5 月 8 日	5 月 30 日	6 月 8 日	8 月 8 日	
2013 年	1		10 月 10 日					
2014 年	5	4 月 7 日	5 月 13 日	6 月 23 日	8 月 17 日	9 月 23 日		
2015 年	6	4 月 10 日	5 月 8 日	7 月 6 日	8 月 10 日	8 月 20 日	9 月 29 日	11 月 18 日

4.3　典型监测

　　项目组对典型流域进行了 15 次监测,其中有 4 次为台风雨时采样,典型流域过程监测采样时间见表 4-3。

表 4-3　典型监测采样时间

年份	采样次数（次）	第 1 次	第 2 次	第 3 次	第 4 次	第 5 次
2011 年	3	6 月 9 日 16 时至 6 月 12 日 4 时*	9 月 8 日 18 时至 9 月 10 日 7 时	9 月 29 日 11 时至 10 月 2 日 7 时		
2012 年	5	5 月 7 日 20 时至 5 月 8 日 14 时	5 月 29 日 18 时至 5 月 31 日 4 时	6 月 26 日 23 时至 6 月 28 日 7 时	8 月 2 日 16 时至 8 月 4 日 18 时*	8 月 7 日 11 时至 8 月 9 日 14 时*
2014 年	3	6 月 20 日 6 时至 6 月 21 日 23 时	6 月 25 日 14 时至 6 月 28 日 9 时	9 月 22 日 7 时至 9 月 24 日 3 时		
2015 年	4	5 月 15 日 9 时至 5 月 15 日 19 时	6 月 7 日 13 时至 6 月 9 日 6 时	6 月 15 日 7 时至 6 月 18 日 9 时	7 月 10 日 4 时至 7 月 13 日 1 时*	

　　注: * 为台风期间采样。

本项目实施方案编制阶段,项目组查阅了浙江省的气象资料,发现每年有2场以上的台风登陆,台风登陆时将带来大量的降雨,因此项目初定每年台风登陆期间均要进行采样。项目进行期间(2010~2015年),登陆浙江省的台风较少,总共只有3场,算上登陆地点距离浙江省较近福建省的台风,共有6场,其中有2场台风风力较大,采样具有一定的危险性,项目组考虑后放弃了采样,因此最终在台风期间采样4次。项目组在实际采样过程中,还遭遇过几次预报下雨而未下雨、预报下暴雨或大雨下小雨等情况,如2012年的第9号台风"梅花",项目组在"梅花"靠近浙江省之前到达监测现场,最终"梅花"擦过浙江省北上,未带来降雨。

4.4　监测标志牌

为保障现场监测工作的顺利进行,2014年余杭区林业水利局在每条流域监测断面设立了醒目的监测标志牌,标志牌上面包含流域信息和设立单位信息,标志牌的设立对宣传水土保持工作,提高民众水土保持意识有着积极的促进作用。

标志牌样式见图4-1,各流域标志牌设立情况见图4-2~图4-19。

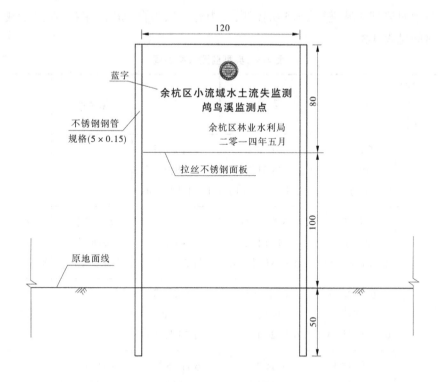

图4-1　监测标志牌样式

图 4-2　十里渠监测点

图 4-3　塘埠溪监测点

图 4-4　青山溪监测点

图 4-5　黄湖溪监测点

图 4-6　百丈溪南监测点

图 4-7　百丈溪北监测点

图 4-8　鸬鸟溪监测点

图 4-9　太平溪监测点

图 4-10　四岭溪监测点

图4-11 北苕溪监测点

图4-12 斜坑溪监测点

图4-13 中苕溪监测点

图 4-14　南沟溪监测点

图 4-15　大洋圩监测点

图 4-16　南苕溪监测点

图 4-17　铜山溪监测点

图 4-18　直路溪监测点

图 4-19　灵项溪监测点

第 5 章　浙江省典型小流域水土流失规律分析

根据监测数据,对流域降水和水土流失之间的关系进行分析,同时分析降雨对流域氮磷流失的影响。进行降水和泥沙流失量关系分析时,首先对典型流域监测数据进行分析,总结规律,在此基础上对常规监测进行分析。

5.1　典型流域水土流失规律分析

项目选定的典型流域为百丈溪 12#,分析数据为 2011~2015 年的 15 次降水和悬移质含沙量监测数据。

在监测期内,流域内无大型基础设施和项目建设,流域内土地利用类型、植被、水保措施等基本没发生大的变化。

5.1.1　悬移质含沙量变化规律分析

项目组对百丈溪 12# 小流域 15 场场次降雨的降水和悬移质含沙量监测数据的相关性分析发现:悬移质含沙量随着降雨量的变化而变化,但二者之间没有明显的相关关系。降雨初期,由于降雨对土壤的散溅和搬运作用,降雨量增大,大量泥沙随降雨入河,含沙量监测值会迅速变大;降雨中后期,降雨量增加,水体含沙量监测值趋于稳定,在一个相对稳定的范围内上下波动。通常情况下,水体含沙量的变化要滞后于降雨量变化,滞后时间的长短主要由降雨汇集到流域出口需要的汇流时间来决定。

悬移质含沙量与降雨量关系见图 5-1~图 5-15。

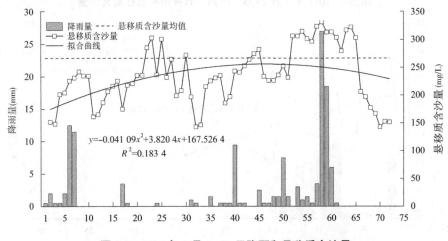

图 5-1　2011 年 6 月 9~21 日降雨和悬移质含沙量

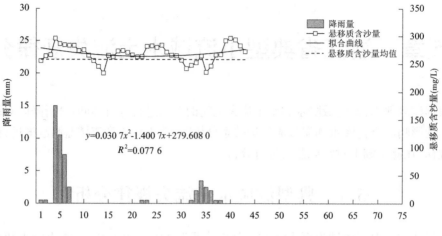

图 5-2　2011 年 9 月 8～10 日降雨和悬移质含沙量

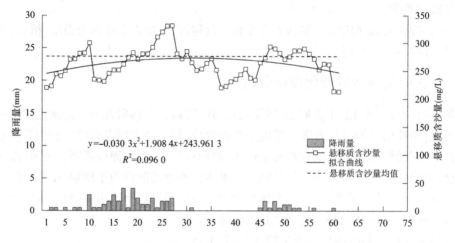

图 5-3　2011 年 9 月 29 日～10 月 2 日降雨和悬移质含沙量

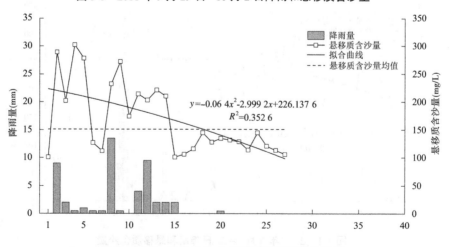

图 5-4　2012 年 5 月 7～8 日降雨和悬移质含沙量

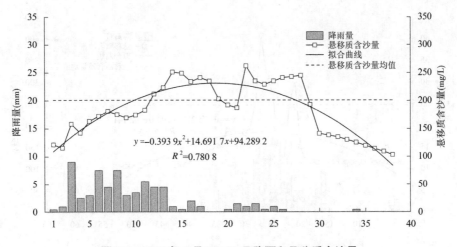

图 5-5　2012 年 5 月 29~31 日降雨和悬移质含沙量

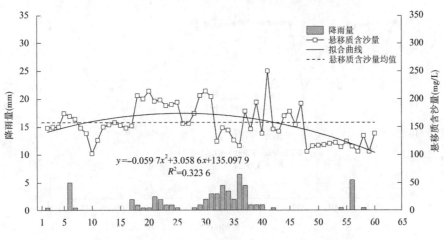

图 5-6　2012 年 6 月 26~28 日降雨和悬移质含沙量

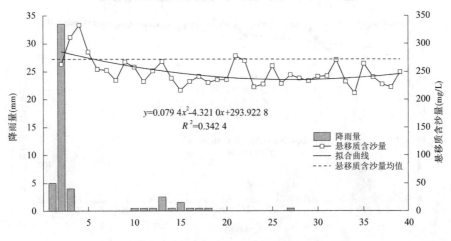

图 5-7　2012 年 8 月 2~4 日降雨和悬移质含沙量

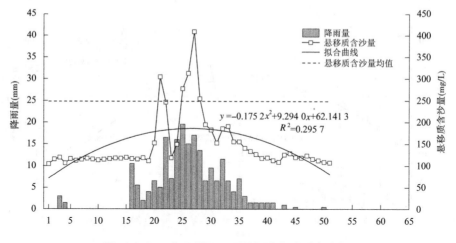

图 5-8　2012 年 8 月 7~9 日降雨和悬移质含沙量

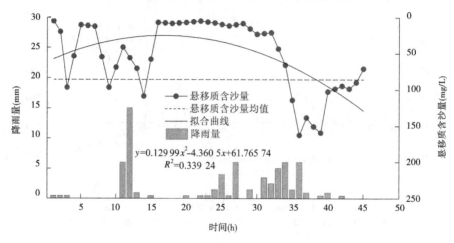

图 5-9　2014 年 6 月 20~21 日降雨和悬移质含沙量

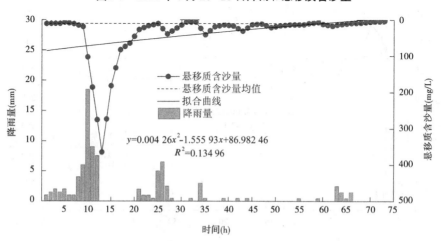

图 5-10　2014 年 6 月 25~28 日降雨和悬移质含沙量

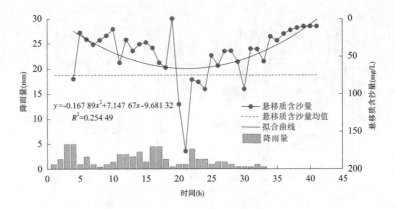

图 5-11　2014 年 9 月 22~24 日降雨和悬移质含沙量

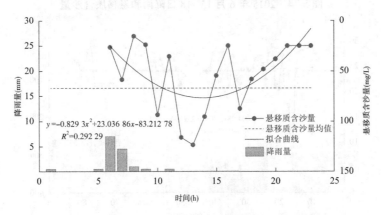

图 5-12　2015 年 5 月 15 日降雨和悬移质含沙量

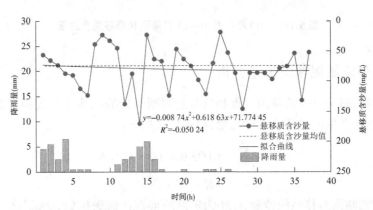

图 5-13　2015 年 6 月 7 日降雨和悬移质含沙量

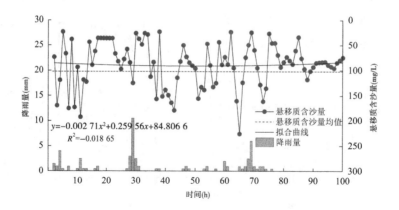

图 5-14　2015 年 6 月 15~18 日降雨和悬移质含沙量

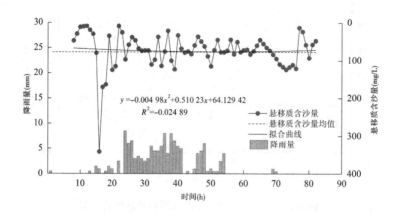

图 5-15　2015 年 7 月 10~13 日降雨和悬移质含沙量

5.1.2　典型流域泥沙流失量分析

根据流域内每场降雨的降雨过程和典型监测断面处的泥沙含量实测数据,计算典型流域场次降雨所产生的悬移质泥沙总量,计算公式如下:

$$W = \sum_{i=1}^{n} (0.003\ 6 \times Q_i \times C_i)/K \tag{5-1}$$

$$M = W/F \tag{5-2}$$

式中:W 为监测断面悬移质泥沙量,t;M 为监测断面泥沙流失模数,t/km²;C_i 为每个监测时段监测到的断面泥沙含量,mg/L;Q_i 为监测时刻通过断面的径流量,m³/s;i 为第 i 个监测时段,时段长度为 1 h;n 为监测总时间,h;F 为流域面积,km²;K 为输移比系数,采用长江以南的泥沙输移比代替,取 0.4。

典型流域过程监测场次降雨产生的泥沙流失量计算结果见表 5-1。

表 5-1　流域典型降雨过程泥沙流失量计算

序号	项目		降雨量(mm)	降雨历时(h)	平均雨强(mm/h)	径流总量(万 m³)	泥沙流失量(t)	泥沙流失模数(t/km²)
1	2011年	6月9~12日	126.0	61	2.07	145.1	969	56.0
2		9月8~10日	49.0	38	1.29	35.4	228	13.2
3		9月29日~10月2日	41.0	59	0.69	9.4	65	3.8
4	2012年	5月7~8日	47.5	18	2.64	37.1	140	8.1
5		5月29~31日	68.0	34	2.00	94.0	473	27.4
6		6月26~28日	57.5	32	1.80	54.9	218	12.6
7		8月2~4日	50.5	50	1.01	40.5	275	15.9
8		8月7~9日	206.5	51	4.05	277.4	1 298	75.1
9	2014年	6月20~21日	66.5	42	1.58	52.7	293	6.0
10		6月25~28日	86.5	68	1.27	83.9	484	13.0
11		9月22~24日	60.5	33	1.83	39.8	75	3.4
12	2015年	5月15日	14.5	6	2.42	6.7	15	0.8
13		6月7~9日	73.0	55	1.33	92.1	161	9.2
14		6月15~18日	54.5	75	0.73	49.2	149	8.3
15		7月10~13日	128.5	41	3.13	188.1	515	28.7

5.1.2.1　次降雨总量与次泥沙流失量关系分析

　　根据表 5-1 可知,流域次降雨量和次泥沙流失量之间关系密切,总体上呈现降雨总量愈大,泥沙流失量增加愈明显的趋势。

　　典型流域次降雨量与次泥沙流失量关系见图 5-16。

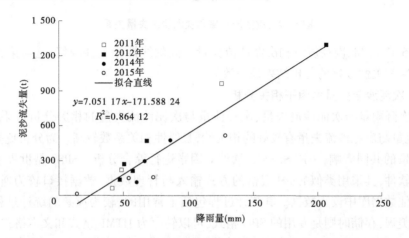

图 5-16　次降雨总量和次泥沙流失量关系

由图 5-16 可知,降雨量和泥沙流失量之间的线性相关关系较好,相关性显著($r=0.930$),因此可以初步判断,针对一个典型流域,在相对较短的一段时期内,由于植被、土壤、土地利用、水保措施等影响水土流失量的因素相对稳定,次降雨量和次泥沙流失量之间存在着较密切的相关关系。

根据百丈溪流域 5 年的次降雨和次泥沙流失量,拟合得出二者之间的线性相关关系式为回归方程 $y=7.051x-171.59$(y 为次泥沙流失量,t;x 为场次降雨总量,mm),该公式可用来初步估算流域泥沙流失模数。统计 2011~2015 年流域场次降雨过程,根据公式估算每场降雨产生的泥沙流失量,有实测成果的,采用实测成果。

百丈溪典型流域 2011~2015 年泥沙流失量见表 5-2。

表 5-2　典型流域 2011~2015 年泥沙流失量估算成果　　　　　(单位:t)

项目	2011 年	2012 年	2013 年	2014 年	2015 年
泥沙流失量	6 195	3 887	7 183	5 219	5 689

5.1.2.2　次径流总量与次泥沙流失量关系分析

根据表 5-1 绘制径流总量和泥沙流失量关系图,见图 5-17。

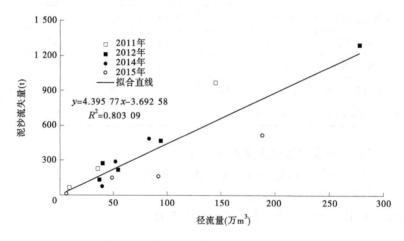

图 5-17　次径流总量和次泥沙流失量关系

由图 5-17 可知,次径流量和次泥沙流失量之间的线性相关性较好,这与第 3 章降雨和径流线性相关性较好的分析结果是一致的。

5.1.2.3　次泥沙流失量多因子相关分析

根据次降雨量与次泥沙流失量、次径流量与次泥沙流失量的相关分析成果,次降雨量、次径流量与次泥沙流失量有较好的相关性,且线性相关系数较高。为分析更多因素对泥沙流失量的共同影响,采用 SPSS13 软件对因素进行综合分析。SPSS 是世界上最早的统计分析软件,其采用类似 Excel 表格的方式输入与管理数据,数据接口较为通用,能方便地从其他数据库中读入数据。其统计过程包括了常用的、较为成熟的统计过程。输出结果十分美观,存储时则是专用的 SPO 格式,可以转存为 HTML 格式和文本格式。

SPSS 的基本功能包括数据管理、统计分析、图表分析、输出管理等,还自带绘图功能,其计算界面见图 5-18。

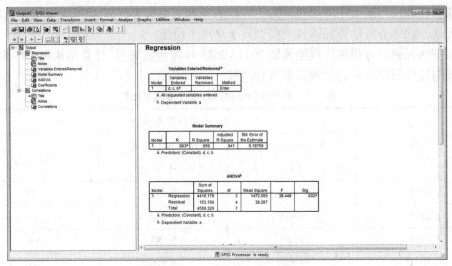

图 5-18　SPSS 软件计算界面

采用 SPSS 软件进行多因素分析的结果见表 5-3 和表 5-4。

表 5-3　次降雨产流产沙的 Pearson 相关性

项目	P	T	I_{aver}	R	Q
Q	0.979**	0.246	0.836**	0.747**	
A	0.890**	0.238	0.722**	0.874**	0.888**
M	0.887**	0.236	0.719**	0.875**	0.884**

注:1. P 表示次降雨量,mm;T 表示降雨历时,h;I_{aver} 表示平均降雨强度,mm/h;R 表示降雨侵蚀力,MJ·mm/ (hm²·h);Q 表示次径流量,万 m³;A 泥沙流失量,t;M 表示产沙模数,t/km²。

2. ** 表示在 0.01 水平上双尾检验显著。

表 5-4　泥沙流失量多因子相关回归方程

回归方程	复相关系数 r	决定系数 R^2	F 值	显著性 Sig.
$A=-4.621P+1.271R+4.789Q+33.801I+20.232$	0.949	0.901	22.852	0.01

　　表 5-3 中分析指标选用次降雨量 P、降雨历时 T、平均降雨强度 I_{aver}、次径流量 Q、降雨侵蚀力 R 和泥沙流失量 $A(t)$,其中降雨侵蚀力是降雨动能与降雨强度因子的综合体现,在降雨侵蚀力资料难以获取的情况下,选用降雨量与降雨历时的乘积来代替降雨侵蚀力 R。从表 5-3 中可以得出,次径流量 Q 与 P、I_{aver}、R 的关系显著,次产沙量和产沙模数与 P、I_{aver}、R、Q 的关系显著,而 T 与 Q、A、M 没有显著的相关性。

　　从回归分析结果可得出(见表 5-4),方程决定系数为 0.901,并在 0.01 水平上显著,表明多因子回归方程可用于次泥沙流失模数的估算。从方程系数来看,降雨量、径流量和降雨侵蚀力系数为正,降雨量和径流量系数大于降雨侵蚀力系数,表明降雨量和径流量对泥沙流失模数的贡献大于降雨侵蚀力。方程的复相关系数高于任意单因子相关系数,因此多元线性回归方程估算泥沙流失模型高于单因子模型。

根据多元回归方程估算典型流域 2011~2015 年泥沙流失量,计算结果见表 5-5,同时对多元与线性回归方程的预测结果进行比较。

表 5-5　多元和线性回归方程计算成果比较

年份	泥沙流失量(t)		
	多元回归方程 (1)	线性回归方程 (2)	(1)-(2)
2011	6 317	6 195	122
2012	3 954	3 887	67
2013	7 263	7 183	80
2014	5 284	5 219	65
2015	5 780	5 689	91

比较多元和线性回归方程的计算结果可以看出,二者数值较接近,误差在 2% 以内,在估算流域泥沙流失量时,为简化计算过程,可采用线性回归方程进行估算。

5.1.3　悬移质含沙量均值

流域的悬移质含沙量均值 C_a 可以在一定程度上表征场次降雨产生的泥沙流失量的大小,可以用于泥沙流失量计算。

悬移质含沙量均值 C_a 根据如下公式进行计算:

$$C_a = \sum_{i=1}^{n} (0.36 \times Q_i \times C_i)/Q \tag{5-3}$$

式中:C_a 为悬移质含沙量均值,mg/L;C_i 为每个监测时段监测到的断面悬移质含沙量,mg/L;Q_i 为监测时刻通过断面的径流量,m³/s;i 为第 i 个监测时段,时段长度为 1 h;n 为监测总时间,h;Q 为场次降雨通过监测断面的径流总量,万 m³。

悬移质含沙量均值 C_a 的计算结果见表 5-6。

表 5-6　悬移质含沙量均值 C_a 计算成果

序号	项目		降雨量 (mm)	降雨历时 (h)	径流总量 (万 m³)	泥沙流失量 (t)	悬移质含沙量 均值 C_a(mg/L)
1	2011 年	6 月 9~12 日	126	61	145.1	969	267
2		9 月 8~10 日	49	38	35.4	228	258
3		9 月 29 日~10 月 2 日	41	59	9.4	65	277

续表5-6

序号	项目		降雨量 （mm）	降雨历时 （h）	径流总量 （万 m³）	泥沙流失量 （t）	悬移质含沙量 均值 C_a(mg/L)
4		5月7~8日	47.5	18	37.1	140	151
5	2012 年	5月29~31日	68	34	94.0	473	201
6		6月26~28日	57.5	32	54.9	218	158
7		8月2~4日	50.5	50	40.5	275	272
8		8月7~9日	206.5	51	277.4	1 298	193
9	2014 年	6月20~21日	66.5	42	52.7	293	222
10		6月25~28日	86.5	68	83.9	484	231
11		9月22~24日	60.5	33	39.8	75	75
12	2015 年	5月15日	14.5	11	6.7	15	90
13		6月7~9日	73.0	41	92.1	161	70
14		6月15~18日	54.5	75	49.2	149	121
15		7月10~13日	128.5	41	188.1	515	110

表5-6给出了悬移质含沙量均值 C_a 的计算结果,对照图5-1~图5-3可以发现:

(1)出现时机多变。悬移质含沙量均值 C_a 在场次降雨过程中可能出现1次或者多次,出现的时机不固定,在整个监测过程的中间时刻出现的概率比较大。

(2)受雨型影响明显。如果场次降雨过程比较集中,雨强较大,通常悬移质含沙量均值 C_a 会在一个较大的小时降雨后的几小时内出现;如果一场降雨的雨量分布比较均匀,通常悬移质含沙量均值 C_a 会在监测过程中多次出现,雨量分布越均匀,出现次数相对越多,出现的时间间隔相对比较稳定。

综上,在实测过程中,为了得到相对准确的 C_a 值,可根据实际降雨情况,在一个过程中多次采样,重点是较大的小时降雨后和监测的中间时刻。

5.1.4　典型流域径流泥沙监测结论

(1)悬移质含沙量的监测结果大致上随着降雨量的变化而变化,但关系不显著。悬移质含沙量的变化要滞后于降雨量变化。

(2)降雨量和泥沙流失量之间关系密切,二者之间的拟合效果较好,相关性显著,拟合的线性回归方程可用于估算流域泥沙流失量。

(3)泥沙流失量 W 与降雨量 P、径流总量 Q、降雨侵蚀力 R 之间的多元回归方程拟合效果好,可以用于泥沙流失量的估算,估算结果与线性回归方程的结果接近。

(4)悬移质含沙量均值 C_a 值出现时机不固定且受雨型的影响,为了得到相对准确的 C_a 值,在一个过程中多次采样,重点是较大的小时降雨后和监测的中间时刻。

5.2 常规流域水土流失规律分析

5.2.1 悬移质含沙量监测结果分析

常规监测断面的悬移质含沙量监测结果见图 5-19～图 5-23。

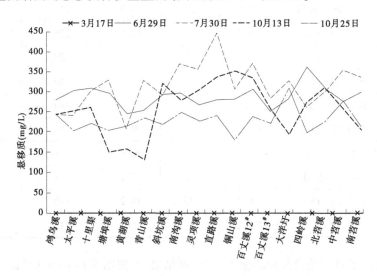

图 5-19 2010 年各小流域悬移质含沙量监测结果

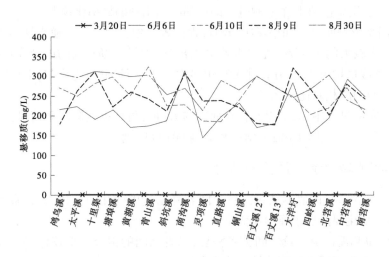

图 5-20 2011 年各小流域悬移质含沙量监测结果

对于同一流域,汛期降雨时水体中的悬移质含沙量远远高于非汛期或未降雨情况,两个时段的含沙量相差几百到几万倍,可见降雨是造成余杭区水土流失的一个重要因素。

根据第 3 章的降雨结果,分析各流域的降雨和悬移质含沙量之间的规律,与典型流域监测成果类似,悬移质含沙量总体上随降雨量的变化而变化,由于各个流域土地利用类

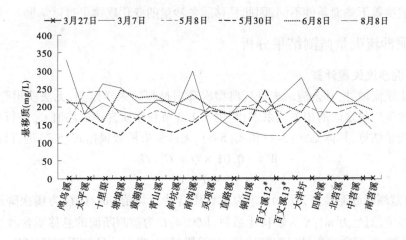

图 5-21　2012 年各小流域悬移质含沙量监测结果

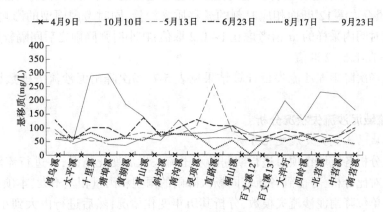

图 5-22　2013~2014 年各小流域悬移质含沙量监测结果

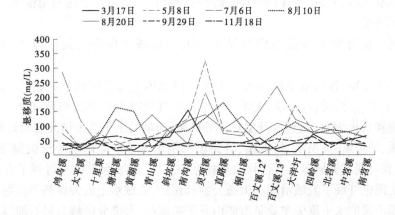

图 5-23　2015 年各小流域悬移质含沙量监测结果

型,土壤、坡度等下垫面条件不同,因此悬移质含沙量的变化规律更难以掌握。

5.2.2 泥沙流失量监测结果分析

5.2.2.1 泥沙流失量计算

除百丈溪流域外,其余流域未进行典型次降雨过程的采样监测,无法获得降雨量、径流量和泥沙流失量之间的相关关系式,利用5.1.3节悬移质含沙量均值 C_a 进行各监测断面泥沙流失量估算,具体见式(5-4)和式(5-5),泥沙流失模数根据式(5-2)进行计算。

$$W = (0.01 \times Q \times C_a)/K \qquad (5-4)$$

$$C_a = \mu \times C \qquad (5-5)$$

式中:W 为监测断面泥沙流失量,t;C_a 为悬移质含沙量均值,mg/L;Q 为场次降雨通过监测断面的径流总量,万 m^3;K 为输移比系数,取 0.4;C 为监测断面的悬移质含沙量,mg/L;μ 为修正系数,参照典型流域过程监测值,与采样时间、降雨总量和雨型等有关,由项目组分析已有成果经验确定,在 0~2 取值。

由5.1.3节可知,悬移质含沙量均值通常会在监测过程中几次出现,对照表4-2的采样时间,参照百丈溪12#断面相应时刻的悬移质含沙量,同时考虑雨型的影响,在小时强降雨之后短时间内采样的,μ 值考虑在1~1.2取值;在小时强降雨之后间隔较长时间采样的,μ 值考虑在1.5~2取值。

各断面场次降雨泥沙流失量计算结果见表5-7,场次降雨泥沙流失模数计算成果见表5-8。

5.2.2.2 流域泥沙流失状况分析

1.各流域水土流失发展变化分析

为定性分析各流域在项目进行期间的水土流失发展变化情况,并进行流域之间的水土流失程度对比分析,考虑到各流域同场次降雨的雨型和雨量相差不大,本项目对每场降雨直接计算单位降雨泥沙流失模数,分析其历年变化情况;然后进行由大到小的排序,再计算24场降雨的排序的总值,总值越大,流域泥沙流失程度越严重。进行各流域水土流失分析时,现阶段只考虑降雨因素对泥沙流失的影响,下垫面、土地利用情况等对泥沙流失影响暂不考虑。

各流域单位降雨泥沙流失模数见表5-9,各流域单位降雨泥沙流失模数排序见表5-10。

由表5-9可知,各流域单位降雨水土流失量总体上呈逐年减少的趋势,减少程度不同,其中十里渠、南沟溪、青山溪、大洋圩水土流失逐年减少趋势较明显,说明通过这几年的流域治理和禁止25°以上坡地开发建设等措施,流域的水土流失情况有所好转。

鸬鸟溪、塘埠溪、灵项溪、斜坑溪、直路溪和铜山溪单位降雨水土流失量逐年变化不大,鸬鸟溪和灵项溪流域多年实行封山育林保护工作,流域水土流失得到了有效控制;塘埠溪和斜坑溪也开展了流域治理和生态公益林保护,流域水土流失得到了控制;水土保持直路溪和铜山溪的水土流失主要是由矿山开采造成的,大部分区域为岩石裸露,表现为强烈以上侵蚀,近年来中泰街道逐渐采取措施进行治理,成效暂不明显,流域的流失情况改善不大。

表 5-7　各流域场次降雨泥沙流失量计算成果

（单位：t）

泥沙流失量

流域	2010年				2011年				2012年					2013年	2014年				2015年					
	6月28日	7月30日	10月13日	10月25日	6月6日	6月10日	8月9日	8月30日	3月7日	5月8日	5月30日	6月8日	8月8日	10月10日	5月13日	6月23日	8月17日	9月23日	5月8日	7月6日	8月10日	8月20日	9月29日	11月18日
鸬鸟溪	171	495	188	1 372	447	357	44	1 233	109	137	314	426	2 568	36	53	64	120	60	64	761	498	179	309	138
太平溪	495	693	258	1 031	628	354	138	819	122	232	685	404	2 872	45	47	64	94	94	16	497	656	66	270	181
十里渠	258	305	213	669	355	550	55	650	54	114	292	221	1 488	36	38	56	72	66	35	81	145	12	40	71
塘埠溪	95	30	142	280	263	634	11	815	14	81	126	314	1 292	32	34	56	52	62	13	114	374	145	13	115
黄湖溪	686	666	1 318	1 818	1 685	3 077	108	4 264	216	578	1 656	1 281	8 510	38	45	70	48	72	110	249	2 066	565	351	643
青山溪	104	39	160	419	276	893	7	965	15	112	186	382	1 944	38	34	56	52	62	21	55	141	73	105	144
斜坑溪	323	88	299	115	516	347	24	168	28	107	349	543	3 476	48	40	55	42	106	93	363	542	351	108	62
南沟溪	188	135	80	241	361	326	14	255	15	39	228	192	1 284	48	40	55	42	106	5	42	126	15	29	29
灵顶溪	104	99	573	434	397	536	37	203	24	30	333	504	2 068	60	38	73	64	87	49	1 010	405	99	86	66
直路溪	101	301	384	128	477	777	18	486	18	43	103	57	424	64	63	56	42	83	19	331	637	116	98	58
铜山溪	363	146	294	71	413	742	16	306	18	30	58	45	268	64	63	56	42	83	12	180	255	134	59	50
百丈溪 12#	152	57	390	121	333	969	14	880	24	140	473	195	1 298	38	45	70	48	72	4	338	359	33	116	74
百丈溪 13#	363	131	900	311	823	1 964	42	2 021	74	336	1 025	561	3 538	38	45	70	48	72	67	1 179	1 770	119	299	119
大洋圩	193	227	97	257	194	304	15	295	21	56	206	185	752	69	93	65	41	65	26	155	173	33	49	32
四岭溪	760	1 015	720	1 849	1 003	1 441.5	157	1 628	135	368	1 144	965	4 460	37	75	66	84	73	123	941	2 128	591	616	332

表 5-8　各流域场次降雨泥沙流失模数计算成果

（单位：t/km²）

泥沙流失模数

流域	2010年 6月28日	7月30日	10月13日	10月25日	2011年 6月6日	6月10日	8月9日	8月30日	2012年 3月7日	5月8日	5月30日	6月8日	8月8日	2013年 10月10日	5月13日	2014年 6月23日	8月17日	9月23日	2015年 5月8日	7月6日	8月10日	8月20日	9月29日	11月18日
鸽鸟溪	6	17	7	48	16	12	2	43	4	5	11	15	90	6	17	7	48	16	2	27	17	6	11	5
太平溪	15	21	8	32	19	11	4	25	4	7	21	12	88	15	21	8	32	19	0	15	20	2	8	6
十里渠	20	24	17	52	28	43	4	50	4	9	23	17	115	20	24	17	52	28	2	5	10	1	3	5
塘垱溪	6	2	8	16	15	37	1	48	1	5	7	18	76	6	2	8	16	15	1	7	22	9	1	7
黄湖溪	2	1	2	1	4	8	0	10	1	1	3	3	25	7	7	14	19	17	1	3	21	6	4	7
青山溪	5	2	7	19	13	41	0	44	1	5	8	17	89	5	2	7	19	13	1	3	6	3	5	7
斜坑溪	17	5	16	6	27	18	1	9	3	6	19	29	185	17	5	16	6	27	5	19	29	19	6	3
南沟溪	32	23	14	42	62	56	2	44	1	7	39	33	222	32	23	14	42	62	1	7	22	3	5	5
灵顶溪	5	4	26	20	18	24	2	9	1	1	15	23	94	5	4	26	20	18	2	46	18	4	4	3
直路溪	5	15	19	6	24	39	1	24	1	2	5	3	21	5	15	19	6	24	1	17	32	6	5	3
铜山溪	25	10	20	5	28	50	1	21	1	2	4	3	18	25	10	20	5	28	1	12	17	9	4	3
百丈溪 12#	9	3	23	7	19	56	1	51	1	8	27	11	75	9	3	23	7	19	0	20	21	2	7	4
百丈溪 13#	8	3	19	7	18	42	1	43	2	7	22	12	76	8	3	19	7	18	5	95	143	10	24	10
大洋圩	26	31	13	35	27	42	2	40	3	8	28	25	103	26	31	13	35	27	4	21	24	5	7	4
四岭溪	14	18	13	33	18	26	3	29	2	7	20	17	79	14	18	13	33	18	2	17	38	11	11	6

表 5-9 各流域单位降雨泥沙流失模数计算成果　　　　　　　　　　　[单位:t/(km²·mm)]

泥沙流失模数

流域	2010年				2011年				2012年					2013年		2014年			2015年					
	6月28日	7月30日	10月13日	10月25日	6月6日	6月10日	8月9日	8月30日	3月7日	5月8日	5月30日	6月8日	8月8日	5月13日	10月10日	6月23日	8月17日	9月23日	5月8日	7月6日	8月10日	8月20日	9月29日	11月18日
鸬鸟溪	0.16	0.32	0.13	0.32	0.21	0.56	0.11	0.34	0.19	0.14	0.18	0.26	1.29	0.32	0.13	0.10	0.47	0.26	0.11	0.28	0.07	0.18	0.10	0.10
太平渠	0.33	0.44	0.15	0.27	0.16	0.40	0.19	0.27	0.09	0.21	0.30	0.23	1.73	0.45	0.34	0.12	0.34	0.23	0.02	0.16	0.11	0.06	0.09	0.10
十里渠	0.56	2.29	0.36	0.57	0.34	1.23	0.20	0.41	0.19	0.24	0.33	0.23	2.45	0.41	0.44	0.30	0.72	0.42	0.10	0.06	0.16	0.04	0.07	0.13
塘埠溪	0.19	0.12	0.17	0.25	0.19	1.03	0.05	0.39	0.04	0.15	0.13	0.31	1.28	0.04	0.13	0.15	0.32	0.25	0.04	0.08	0.43	0.11	0.03	0.17
黄潮溪	0.05	0.04	0.03	0.02	0.04	0.23	0	0.05	0.05	0.02	0.05	0.06	0.41	0.15	0.15	0.20	0.39	0.24	0.06	0.03	0.40	0.31	0.07	0.15
青山溪	0.16	0.12	0.15	0.29	0.17	1.14	0	0.36	0.04	0.15	0.15	0.29	1.50	0.05	0.10	0.13	0.37	0.20	0.06	0.02	0.07	0.15	0.07	0.15
斜坑溪	0.35	0.31	0.35	0.22	0.20	0.57	0.06	0.19	0.04	0.18	0.24	0.33	3.43	0.12	0.30	0.29	0.15	0.36	0.17	0.19	0.24	0.56	0.09	0.08
南沟溪	0.67	1.44	0.30	1.53	0.47	1.78	0.11	0.92	0.11	0.21	0.50	0.37	4.11	0.58	0.56	0.25	0.99	0.82	0.05	0.07	0.25	0.08	0.06	0.11
灵项溪	0.08	0.21	0.43	0.25	0.17	0.62	0.15	0.16	0.03	0.04	0.28	0.19	1.68	0.12	0.09	0.36	0.31	0.21	0.14	0.43	0.32	0.21	0.07	0.05
直路溪	0.08	0.48	0.41	0.11	0.23	0.83	0.08	0.30	0.04	0.05	0.08	0.03	0.40	0.24	0.08	0.34	0.15	0.29	0.06	0.15	0.51	0.29	0.09	0.06
铜山溪	0.39	0.32	0.43	0.10	0.27	1.06	0.08	0.26	0.04	0.05	0.06	0.03	0.35	0.16	0.38	0.36	0.12	0.34	0.05	0.11	0.28	0.31	0.07	0.07
百丈溪12#	0.23	0.13	0.40	0.12	0.21	1.58	0.04	0.28	0.05	0.17	0.47	0.21	1.22	0.07	0.18	0.32	0.15	0.27	0.01	0.23	0.13	0.04	0.09	0.08
百丈溪13#	0.21	0.13	0.33	0.12	0.20	1.18	0.04	0.23	0.10	0.15	0.38	0.23	1.24	0.06	0.16	0.28	0.14	0.25	0.28	1.19	1.02	0.26	0.44	0.20
大洋圲	0.37	0.67	0.24	0.68	0.33	1.38	0.10	0.78	0.15	0.21	0.49	0.44	2.06	0.42	0.38	0.20	0.86	0.41	0.19	0.22	0.33	0.12	0.11	0.11
四岭溪	0.38	0.48	0.24	0.31	0.20	0.56	0.18	0.29	0.08	0.19	0.24	0.25	1.22	0.24	0.24	0.19	0.39	0.24	0.10	0.17	0.25	0.21	0.17	0.13

表 5-10　各流域单位降雨泥沙流失模数排序（由大到小）

流域	2010年				2011年				2012年					2013年		2014年			2015年						综合排序
	6月28日	7月30日	10月13日	10月25日	6月6日	6月10日	8月9日	8月30日	3月7日	5月8日	5月30日	6月8日	8月8日	10月10日	5月13日	6月23日	8月17日	9月23日	5月8日	7月6日	8月10日	8月20日	9月29日	11月18日	
鸽鸟溪	11	7	14	4	6	13	6	6	1	11	10	6	8	12	5	15	4	8	5	3	4	3	4	10	13
太平溪	7	6	12	7	14	14	2	10	6	2	6	8	5	5	2	14	8	13	14	8	13	13	7	9	7
十里渠	2	1	5	3	2	4	1	3	1	1	5	10	3	2	4	5	3	2	7	13	11	14	12	5	3
塘埠溪	10	13	11	9	11	8	11	4	10	8	12	4	9	11	15	12	9	9	13	11	3	11	15	2	13
黄湖溪	15	15	15	15	15	15	14	15	8	15	15	13	13	10	9	10	5	12	8	14	15	8	13	4	10
青山溪	12	13	13	6	12	6	14	5	11	8	11	5	7	13	14	13	7	15	10	15	14	9	10	3	14
斜坑溪	6	9	6	10	8	11	10	13	13	6	9	3	2	6	11	6	13	4	3	6	10	1	8	11	6
南沟溪	1	2	8	1	1	1	5	1	4	2	1	2	1	1	10	8	1	1	12	12	9	12	14	7	2
灵顺溪	13	10	2	8	13	10	4	14	15	14	7	12	6	14	10	2	10	14	4	2	6	6	9	15	12
直路溪	14	5	3	13	5	9	8	7	14	12	13	14	14	15	7	3	11	6	9	9	2	4	6	14	11
铜山溪	3	8	1	14	4	7	8	11	12	13	14	15	15	3	8	1	15	5	11	10	7	2	11	13	8
百丈溪12#	8	11	4	11	7	2	12	9	9	7	3	11	11	8	12	4	12	7	15	4	12	15	5	12	9
百丈溪13#	9	11	7	7	3	3	3	2	3	10	4	1	4	4	3	9	2	3	2	1	5	5	1	1	5
大洋圩	5	3	9	2	9	5	7	3	7	4	2	7	10	7	1	9	2	3	2	5	8	10	3	8	1
四岭溪	4	4	10	5	10	12	3	8	5	5	8	9	12	7	6	11	6	11	6	7	1	7	2	6	4

　　黄湖溪、百丈溪 13#、太平溪和四岭溪单位降雨水土流失量逐年波动,没有明显的改善趋势,为了改善流域内的水土流失,建议加大水土流失治理力度。

　　2. 各流域之间水土流失情况对比分析

　　由表 5-10 可知,大洋圩、南沟溪、十里渠、四岭溪和百丈溪 13#在各流域中排序靠前,说明单位降雨下上述 5 条流域的水土流失量较其他流域大,更易产生流失。与之相反,鸪鸟溪、灵项溪和青山溪相对较好。

5.2.3　常规监测结论

　　(1)降雨是影响余杭区水土流失的一个重要因素,降雨径流将大量泥沙带入河道,使水体中悬移质含沙量增高。

　　(2)常规监测的场次降雨泥沙流失量可通过典型流域进行估算。

　　(3)在项目监测期间,南沟溪、十里渠、大洋圩和百丈溪 13#降雨时泥沙流失量相对比较严重,鸪鸟溪和灵项溪相对较好。

　　(4)十里渠、塘埠溪、青山溪和黄湖溪水土流失逐年减少趋势较明显,鸪鸟溪、塘埠溪、灵项溪、斜坑溪、直路溪和铜山溪单位降雨水土流失量逐年变化不大,大洋圩、百丈溪 13#、太平溪和四岭溪单位降雨水土流失量逐年波动,没有明显的变化趋势。

第 6 章　浙江省典型小流域污染物输移规律分析

6.1　常规流域氮、磷输移规律分析

6.1.1　监测结果

降雨导致的水土流失将造成土壤氮、磷的严重流失。降雨量的大小是影响土壤各种营养物质流失的直接因素,随着降雨量的增大,雨水和径流对坡地的冲刷作用明显加强,土壤流失量相应增大,由于流失土壤中含有大量的营养物质,因而氮、磷等营养元素的流失量也相应显著增加。项目组在降雨时对 18 个断面分别进行了 11 次采样监测,获得了流域出口断面的氮、磷含量值,为分析比较降雨和未降雨时的水体氮、磷含量差异,在非汛期未降雨时各流域监测断面均采样 1 次。

根据《浙江省水功能区水环境功能区划分方案》,项目所涉及的河流目标水质除南苕溪为Ⅱ类外,其余均为Ⅲ类,水质执行《地表水环境质量标准》(GB 3838—2002)的Ⅱ类和Ⅲ类标准,标准限值见表 6-2,各流域应执行的标准见表 6-1,TP 和 TN 监测结果见图 6-1~图 6-10。

表 6-1　地表水环境质量标准限值(TP 和 TN)　　　　　　　(单位:mg/L)

项目	Ⅰ 类	Ⅱ 类	Ⅲ 类	Ⅳ 类	Ⅴ 类
总磷	≤0.02	≤0.10	≤0.20	≤0.30	≤0.40
总氮	≤0.2	≤0.5	≤1.0	≤1.5	≤2.0

表 6-2　各流域 TP 和 TN 标准限值　　　　　　　(单位:mg/L)

序号	流域名称	目标水质	标准限值 TP	标准限值 TN
1	鸬鸟溪	Ⅲ类	≤0.20	≤1.0
2	太平溪	Ⅲ类	≤0.20	≤1.0
3	十里渠	Ⅲ类	≤0.20	≤1.0
4	塘埠溪	Ⅲ类	≤0.20	≤1.0
5	黄湖溪	Ⅲ类	≤0.20	≤1.0
6	青山溪	Ⅲ类	≤0.20	≤1.0
7	斜坑溪	Ⅲ类	≤0.20	≤1.0
8	南沟溪	Ⅲ类	≤0.20	≤1.0
9	灵项溪	Ⅲ类	≤0.20	≤1.0
10	直路溪	Ⅲ类	≤0.20	≤1.0

续表 6-1

序号	流域名称	目标水质	标准限值	
			TP	TN
11	铜山溪	Ⅲ类	≤0.20	≤1.0
12	百丈溪 12#	Ⅲ类	≤0.20	≤1.0
13	百丈溪 13#	Ⅲ类	≤0.20	≤1.0
14	大洋圩	Ⅲ类	≤0.20	≤1.0
15	四岭溪	Ⅲ类	≤0.20	≤1.0
16	北苕溪	Ⅲ类	≤0.20	≤1.0
17	中苕溪	Ⅲ类	≤0.20	≤1.0
18	南苕溪	Ⅱ类	≤0.10	≤0.5

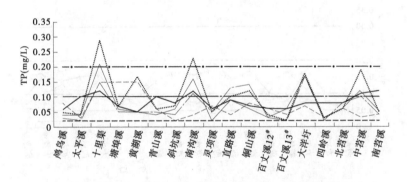

图 6-1　2010 年汛期各小监测流域 TP 实测结果

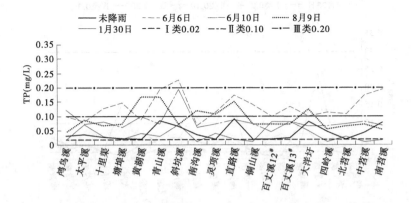

图 6-2　2011 年汛期各小监测流域 TP 实测结果

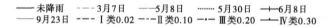

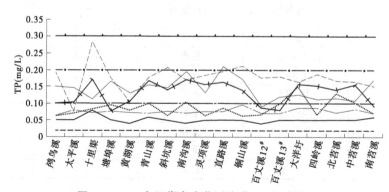

图 6-3　2012 年汛期各小监测流域 TP 实测结果

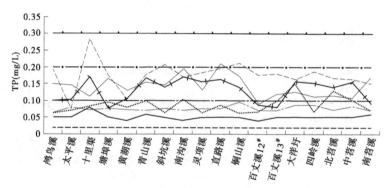

图 6-4　2013~2014 年汛期各小监测流域 TP 实测结果

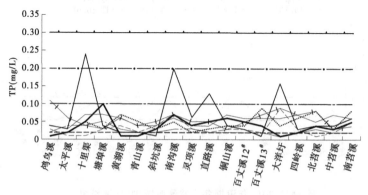

图 6-5　2015 年汛期各小监测流域 TP 实测结果

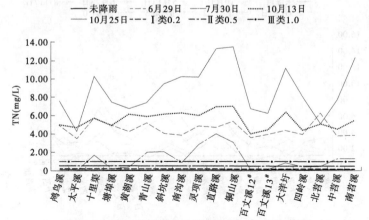

图 6-6　2010 年汛期各小监测流域 TN 实测结果

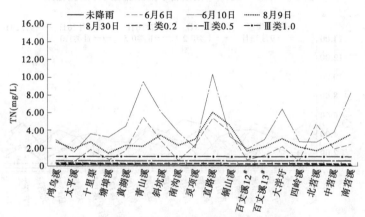

图 6-7　2011 年汛期各小监测流域 TN 实测结果

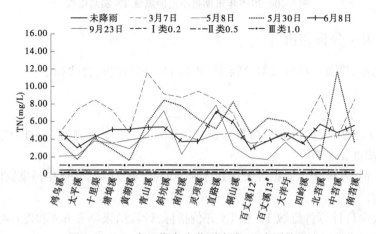

图 6-8　2012 年汛期各小监测流域 TN 实测结果

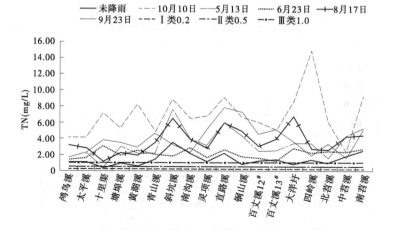

图 6-9　2013~2014 年汛期各小监测流域 TN 实测结果

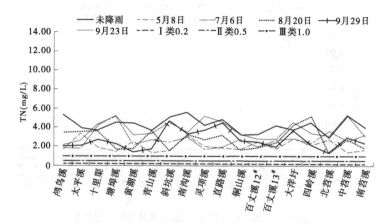

图 6-10　2015 年汛期各小监测流域 TN 实测结果

6.1.2　单因子分析评价

选用等标污染负荷指数法对单因子 TP 和 TN 进行评价,公式如下:

$$P_i = \frac{C_i}{C_{i0}} \tag{6-1}$$

式中:P_i 为污染物 i 等标污染负荷指数;C_i 为污染物 i 浓度实测值,mg/L;C_{i0} 为污染物 i 的评价标准浓度,mg/L。

当 P_i <1 时,水体中污染物因子达到标准要求;当 P_i >1 时,水体中污染物因子超标,P_i 越大,超标越严重。

根据式(6-1)计算各流域 TP 和 TN 评价指标,计算结果见表 6-3 和表 6-4。

表 6-3　各流域 TP 等标指数 P_{TP} 计算成果

流域	本底		降雨时										
	2014年	2015年	2013年	2014年				2015年					
			10月10日	5月13日	6月23日	8月17日	9月23日	5月8日	7月6日	8月10日	8月20日	9月29日	11月18日
鸬鸟溪	0.1	0.2	0.4	0.4	0.2	0.2	0.2	0.2	0.1	0.1	0.2	0.1	0.2
太平溪	0.2	0.2	0.5	0.5	0.3	0.2	0.3	0.1	0.2	0.1	0.4	0.1	0.2
十里渠	1.2	0.2	0.5	0.3	1.4	1.2	0.6	0.1	0.2	0.3	0.2	0.3	0.4
塘埠溪	0.2	0.1	0.5	0.4	1.3	0.9	1.3	0.2	0.3	0.2	0.3	0.5	0.4
黄湖溪	0.2	0.1	0.5	0.4	0.2	0.2	0.2	0.2	0.2	0.4	0.2	0.1	0.3
青山溪	0.6	0.2	0.4	0.4	0.2	0.3	0.4	0.1	0.1	0.3	0.3	0.1	0.2
斜坑溪	0.5	0.1	0.9	0.8	0.3	0.5	0.6	0.2	0.1	0.2	0.4	0.2	0.2
南沟溪	0.7	0.2	0.6	0.5	1.2	1.6	0.7	0.2	0.3	0.6	0.4	0.3	
灵顶溪	0.2	0.2	0.2	0.4	0.3	0.2	0.2	0.2	0.2	0.1	0.3	0.2	0.2
直路溪	0.2	0.2	0.5	0.4	1	0.7	0.8	0.1	0.1	0.2	0.4	0.3	0.2
铜山溪	0.2	0.1	0.6	0.5	0.6	0.8	0.8	0.2	0.1	0.2	0.3	0.3	0.4
百丈溪 12#	0.1	0.2	0.3	0.4	0.5	0.4	0.4	0.2	0.1	0.2	0.2	0.3	0.3
百丈溪 13#	0.1	0.2	0.4	0.4	0.2	0.4	0.4	0.1	0.1	0.5	0.4	0.2	0.3
大洋圩	0.4	0.5	1.4	0.5	0.8	2.0	1.0	0.5	0.1	0.2	0.5	0.1	0.3
四岭溪	0.3	0.3	0.4	0.5	0.4	0.2	0.2	0.2	0.1	0.3	0.2	0.1	0.4
北苕溪	0.2	0.2	0.6	0.3	0.6	0.6	0.4	0.1	0.2	0.4	0.2	0.2	0.3
中苕溪	0.3	0.3	0.1	0.5	0.5	1.3	1.0	0.1	0.1	0.2	0.3	0.2	0.4
南苕溪	0.4	0.6	3.1	0.9	1.2	1.9	1.7	0.5	0.2	0.8	0.5	0.5	0.6

表 6-4　各流域 TN 等标指数 P_{TN} 计算成果

流域	本底		降雨时										
	2014 年	2015 年	2013 年	2014 年				2015 年					
			10 月 10 日	5 月 13 日	6 月 23 日	8 月 17 日	9 月 23 日	5 月 8 日	7 月 6 日	8 月 10 日	8 月 20 日	9 月 29 日	11 月 18 日
鸬鸟溪	1.1	5.3	4.1	1.6	1.4	3.2	1.7	1.7	1.8	—	3.4	2.0	2.1
太平溪	1.1	3.9	4.2	2.2	1.7	2.8	2.2	3.4	1.8	—	3.6	2.1	2.7
十里渠	0.4	3.7	7.2	0.4	3.2	1.2	3.8	1.8	4.2	—	3.6	2.7	4.3
塘埠溪	0.9	4.6	5.3	3.0	1.9	2.3	3.5	1.5	5.2	—	1.7	2.3	5.3
黄湖溪	0.6	4.5	8.2	2.2	2.6	2.0	2.9	2.5	2.0	—	1.8	1.4	3.2
青山溪	1.4	3.7	4.8	2.2	2.1	3.5	4.6	1.3	2.7	—	3.7	1.7	3.3
斜坑溪	3.5	5.1	8.8	7.7	1.9	6.4	3.3	1.5	2.4	—	1.5	4.7	4.6
南沟溪	2.1	5.6	6.5	4.0	2.9	3.9	2.2	3.1	3.0	—	3.3	3.3	3.4
灵项溪	1.1	4.2	6.8	3.1	1.7	3.6	5.2	2.0	1.7	—	2.7	3.7	5.2
直路溪	2.2	4.8	9.2	6.0	2.7	6.0	7.9	1.9	1.9	—	3.2	4.5	4.6
铜山溪	0.8	3.3	6.7	4.4	1.8	4.9	7.3	1.7	2.8	—	1.7	2.6	3.3
百丈溪 12#	1.2	3.3	6.0	2.4	1.6	3.1	4.7	2.5	2.0	—	1.9	2.5	2.8
百丈溪 13#	1.4	4.2	5.1	2.5	1.3	3.9	5.1	1.8	2.7	—	2.4	2.0	2.8
大洋圩	0.8	3.7	8.6	3.5	2.8	6.8	3.7	2.9	2.8	—	4.2	3.7	4.6
四岭溪	1.4	4.5	14.9	3.4	2.3	2.8	1.9	2.1	2.3	—	5.2	2.1	3.4
北苕溪	1.0	2.9	6.1	1.5	2.5	2.5	3.4	2.7	3.6	—	1.3	1.3	3.2
中苕溪	1.9	5.2	2.3	4.3	2.4	4.2	1.6	1.4	2.5	—	2.7	3.0	5.3
南苕溪	2.5	8.0	18.5	10.6	5.6	8.8	10.1	3.4	6.2	—	3.7	4.7	6.2

注:2015 年 8 月 10 日的水样中的 TN 未进行检测,主要是检测单位仪器突然故障,维修时间过长,导致水样失效,无
检测价值,故未进行检测。

6.1.2.1　TP 值监测结果分析评价

监测年度内未降雨和降雨时采样的绝大多数断面 $P_{TP} < 1$,个别断面的个别场次
$P_{TP} > 1$,其中南苕溪出现 4 次 $P_{TP} > 1$ 的情况,南苕溪水质超标较严重。

6.1.2.2　TN 值监测结果分析评价

监测年度内非汛期和降雨时绝大多数流域的 $P_{TN} > 1$,监测断面的 TN 值未达到标准
要求。

6.1.2.3　综合分析评价

非汛期未降雨时各监测断面的 P_{TP} 值基本小于 1,监测断面的 P_{TN} 值基本大于 1,未
达到标准要求,采样时监测流域水质未达到标准要求。

汛期降雨时各监测断面的 P_{TP} 和 P_{TN} 值比非汛期未降雨时值大,监测断面的氮、磷含量增加,这主要是因为降雨是氮、磷随径流流失的自然驱动力,降雨产生的径流是流域氮、磷输出的重要途径,是氮磷流失的载体。

降雨时 P_{TP} 值比非汛期未降雨时大,但二者相差不大,P_{TP} 值基本上小于 1,偶有 P_{TP} 值大于 1 的结果出现;降雨时 P_{TN} 值基本上都大于 1,是非汛期 P_{TN} 值的十几倍,这主要是因为氮素流失时以溶解态氮为主,磷素流失时以吸附态为主,径流挟带磷流失负荷较径流氮流失少,水中的氮素浓度高于磷素。

6.1.3　综合分析评价

采用污染物综合等标指数和单项污染负荷比对水质进行综合评价,具体计算公式如下:

$$P_{总} = \frac{1}{n} \sum_{i=1}^{n} P_i \tag{6-2}$$

$$R_i = \frac{P_i}{n P_{总}} \tag{6-3}$$

式中:$P_{总}$ 为污染物综合等标指数; R_i 为污染物 i 单项污染负荷比;P_i 为污染物 i 等标污染负荷指数;n 为评价项目数。

当 $P_{总} > 1$ 时,监测断面水质超标。当 $R_i < 0.5$ 时,该污染物不是主要污染物;当 $R_i > 0.5$ 时,该污染物是主要污染物。

根据公式计算各流域综合等标指数 $P_{总}$、单项污染负荷比 R_{TP} 和 R_{TN},计算成果见表 6-5、表 6-7。

表 6-5　各流域污染物等标指数 $P_{总}$ 计算成果

流域	本底		降雨时										
			2013 年	2014 年				2015 年					
	2014 年	2015 年	10 月 10 日	5 月 13 日	6 月 23 日	8 月 17 日	9 月 23 日	5 月 8 日	7 月 6 日	8 月 10 日	8 月 20 日	9 月 29 日	11 月 18 日
鸬鸟溪	0.6	3.3	2.3	1.0	0.8	1.7	1.0	0.9	1.0	—	1.8	1.0	1.2
太平溪	0.7	2.1	2.4	1.4	1.0	1.5	1.3	1.7	1.0	—	2.0	1.1	1.4
十里渠	0.8	1.9	3.9	0.4	2.3	1.2	2.2	0.9	2.2	—	1.9	1.5	2.3
塘埠溪	0.6	2.3	2.9	1.7	1.6	1.6	2.4	0.8	2.7	—	1.0	1.4	2.8
黄湖溪	0.4	2.3	4.4	1.3	1.4	1.1	1.6	1.3	1.2	—	1.0	0.7	1.8
青山溪	1.0	1.9	2.6	1.3	1.2	1.9	2.5	0.7	1.4	—	2.0	0.9	1.9
斜坑溪	2.0	2.6	4.9	4.3	1.1	3.5	2.0	0.9	1.3	—	0.9	2.4	2.4
南沟溪	1.4	2.9	3.6	2.3	2.1	2.8	2.5	1.7	1.6	—	1.9	1.8	1.9
灵项溪	0.7	2.2	3.5	1.8	1.0	1.5	2.7	1.1	0.9	—	1.5	1.9	2.7
直路溪	1.2	2.5	4.9	3.2	1.9	3.4	4.4	1.0	1.0	—	1.8	2.4	2.4
铜山溪	0.5	1.7	3.7	2.5	1.2	2.9	4.1	0.9	1.4	—	1.0	1.4	1.8
百丈溪 12#	0.7	1.7	3.2	1.4	1.2	2.2	2.6	1.3	1.4	—	1.0	1.4	1.5

续表 6-5

流域	本底		降雨时										
	2014年	2015年	2013年 10月10日	2014年 5月13日	6月23日	8月17日	9月23日	2015年 5月8日	7月6日	8月10日	8月20日	9月29日	11月18日
百丈溪13#	0.8	3.9	2.7	1.5	0.8	2.2	2.8	0.9	1.4	—	1.4	1.1	1.5
大洋圩	0.6	2.3	5.0	2.0	1.8	4.4	2.4	1.7	1.4	—	2.3	1.9	2.4
四岭溪	0.9	2.4	7.7	2.0	1.4	1.5	1.1	1.1	1.2	—	2.7	1.1	1.9
北苕溪	0.6	1.5	3.4	0.9	1.6	1.6	1.9	1.4	1.9	—	0.7	0.8	1.7
中苕溪	1.1	2.9	1.2	2.4	1.5	2.8	1.3	0.8	1.3	—	1.5	1.6	2.8
南苕溪	1.5	4.3	10.8	5.8	3.4	5.4	5.9	1.9	3.2	—	2.1	2.6	3.4

表 6-6　各流域单项污染负荷比 R_{TP} 计算成果

流域	本底		降雨时										
	2014年	2015年	2013年 10月10日	2014年 5月13日	6月23日	8月17日	9月23日	2015年 5月8日	7月6日	8月10日	8月20日	9月29日	11月18日
鸬鸟溪	0.1	0.2	0.1	0.2	0.1	0.1	0.1	0.1	0.1	—	0.1	0.1	0.1
太平溪	0.2	0.1	0.1	0.2	0.2	0.1	0.1	0.1	0.1	—	0.1	0.1	0.1
十里渠	0.8	0.1	0.1	0.4	0.3	0.5	0.1	0.1	0.1	—	0.1	0.1	0.1
塘埠溪	0.2	0.1	0.1	0.1	0.4	0.3	0.3	0.1	0.1	—	0.2	0.2	0.1
黄湖溪	0.3	0.1	0.1	0.2	0.1	0.1	0.1	0.1	0.1	—	0.1	0.1	0.1
青山溪	0.3	0.1	0.1	0.2	0.1	0.1	0.1	0.1	0.1	—	0.1	0.1	0.1
斜坑溪	0.1	0.1	0.1	0.1	0.1	0.1	0.2	0.1	0.1	—	0.2	0.1	0.1
南沟溪	0.3	0.1	0.1	0.1	0.3	0.3	0.1	0.1	0.1	—	0.1	0.1	0.1
灵项溪	0.2	0.1	0	0.1	0.2	0.1	0	0.1	0.1	—	0.1	0.1	0.1
直路溪	0.1	0.1	0.1	0.1	0.3	0.1	0.1	0.1	0.1	—	0.1	0.1	0.1
铜山溪	0.2	0.1	0.1	0.1	0.3	0.1	0.1	0.1	0.1	—	0.1	0.1	0.1
百丈溪12#	0.1	0.1	0.1	0.1	0.1	0.1	0.1	0.1	0.1	—	0.1	0.1	0.1
百丈溪13#	0.1	0.5	0.1	0.1	0.1	0.1	0.1	0.1	0.1	—	0.1	0.1	0.1
大洋圩	0.3	0.2	0.1	0.1	0.1	0.2	0.1	0.1	0.1	—	0.1	0.1	0.1
四岭溪	0.2	0.1	0.1	0.1	0.1	0.1	0.1	0.1	0.1	—	0.1	0.1	0.1
北苕溪	0.2	0.1	0.1	0.2	0.2	0.2	0.1	0.1	0.1	—	0.1	0.1	0.1
中苕溪	0.1	0.1	0.1	0.1	0.2	0.2	0.4	0.1	0.1	—	0.1	0.1	0.1
南苕溪	0.1	0.1	0.1	0.1	0.2	0.2	0.1	0.1	0	—	0.1	0.1	0.1

表6-7　各流域单项污染负荷比 R_{TN} 计算成果

流域	本底		降雨时										
	2014年	2015年	2013年	2014年				2015年					
			10月10日	5月13日	6月23日	8月17日	9月23日	5月8日	7月6日	8月10日	8月20日	9月29日	11月18日
鸬鸟溪	0.9	0.8	0.9	0.8	0.9	0.9	0.9	0.9	0.9	—	0.9	0.9	0.9
太平溪	0.8	0.9	0.9	0.8	0.9	0.9	0.9	0.9	0.9	—	0.9	0.9	0.9
十里渠	0.3	0.9	0.9	0.6	0.7	0.5	0.9	0.9	0.9	—	0.9	0.9	0.9
塘埠溪	0.8	0.9	0.9	0.9	0.6	0.7	0.7	0.9	0.9	—	0.8	0.8	0.9
黄湖溪	0.9	0.9	0.9	0.8	0.9	0.9	0.9	0.9	0.9	—	0.9	0.9	0.9
青山溪	0.7	0.9	0.9	0.8	0.9	0.9	0.9	0.9	0.9	—	0.9	0.9	0.9
斜坑溪	0.9	0.9	0.9	0.9	0.9	0.9	0.8	0.9	0.9	—	0.8	0.9	0.9
南沟溪	0.8	0.9	0.9	0.9	0.7	0.7	0.9	0.9	0.9	—	0.9	0.9	0.9
灵项溪	0.8	0.9	0.9	0.9	0.9	0.9	1.0	0.9	0.9	—	0.9	0.9	0.9
直路溪	0.9	0.9	0.9	0.9	0.7	0.9	0.9	0.9	0.9	—	0.9	0.9	0.9
铜山溪	0.8	0.9	0.9	0.9	0.9	0.9	0.9	0.9	0.9	—	0.9	0.9	0.9
百丈溪12#	0.9	0.9	0.9	0.9	0.9	0.9	0.9	0.9	0.9	—	0.9	0.9	0.9
百丈溪13#	0.9	0.5	0.9	0.9	0.9	0.9	0.9	0.9	0.9	—	0.9	0.9	0.9
大洋圩	0.7	0.8	0.9	0.9	0.8	0.8	0.8	0.9	0.9	—	0.9	0.9	0.9
四岭溪	0.8	0.9	0.9	0.9	0.9	0.9	0.9	0.9	0.9	—	0.9	0.9	0.9
北苕溪	0.8	0.9	0.9	0.9	0.8	0.9	0.9	0.9	0.9	—	0.9	0.9	0.9
中苕溪	0.9	0.9	0.9	0.9	0.8	0.8	0.6	0.9	0.9	—	0.9	0.9	0.9
南苕溪	0.9	0.9	0.9	0.9	0.9	0.9	0.9	0.9	0.9	—	0.9	0.9	0.9

6.1.3.1　污染物综合等标指数分析

由表6-5可以看出，降雨时的 $P_{总}$ 值基本上大于1，表明降雨时监测断面的水质总体上不达标。

6.1.3.2　单项染物负荷比分析

比较表6-6和表6-7的计算结果，降雨时断面监测的 R_{TP} 值全部小于0.5，R_{TN} 值全部大于0.5，为0.8~0.9，说明 TN 是主要污染物，是水质不达标的主要原因。

根据6.1节单因子分析评价结论，氮、磷流失的特点不同，氮素以溶解态为主，磷素以吸附态为主，因此降雨形成的径流中，氮素含量的增加幅度远远高于磷素，氮素成为水质不达标的主要原因。

6.1.4　常规流域氮磷流失状况分析

常规流域未进行氮、磷含量的连续监测,流域场次降雨流失的氮、磷含量难以准确计算,降雨和氮、磷流失量之间的关系无法进行定量分析,故本次对各流域的氮、磷流失状况进行定性分析比较。

统计分析各流域多场降雨的等标污染指数均值和极值,对流域氮、磷流失情况进行定性分析,分析时考虑降雨量和采样时间对监测结果的影响(采样时间见表4-2,降雨量见表3-2)。通常情况下,降雨量越大、采样时间越靠近较大的小时雨强,流域出口断面监测到的氮、磷含量越高;降雨量越小、采样时间越靠后,流域出口断面监测到的氮、磷含量越低。结果见表6-8。

表 6-8　各流域污染物等标指数统计分析成果

流域	P_{TP}			P_{TN}		
	均值	最大值	最小值	均值	最大值	最小值
鸲鸟溪	0.2	0.4	0.1	2.3	4.1	1.4
太平溪	0.3	0.5	0.1	2.7	4.2	1.7
十里渠	0.5	1.4	0.1	3.2	7.2	0.4
塘埠溪	0.6	1.3	0.2	3.2	5.3	1.5
黄湖溪	0.3	0.5	0.1	2.9	8.2	1.4
青山溪	0.2	0.4	0.1	3.0	4.8	1.3
斜坑溪	0.4	0.9	0.1	4.3	8.8	1.5
南沟溪	0.6	1.6	0.2	3.6	6.5	2.2
灵项溪	0.2	0.4	0.1	3.5	6.8	1.7
直路溪	0.4	1.0	0.1	4.8	9.2	1.9
铜山溪	0.4	0.8	0.1	3.7	7.3	1.7
百丈溪 12#	0.3	0.5	0.1	2.9	6.0	1.6
百丈溪 13#	0.3	0.5	0.1	2.9	5.1	1.3
大洋圩	0.7	2.0	0.1	4.4	8.6	2.8
四岭溪	0.3	0.5	0.1	4.0	14.9	1.9
北苕溪	0.4	0.6	0.1	2.8	6.1	1.3
中苕溪	0.4	1.3	0	3.0	5.3	1.4
南苕溪	1.1	3.1	0.2	7.8	18.5	3.4

根据6.1.3节分析结果,总氮是流域水质超标的主要因素,由表6-8统计的多年平均情况可以看出,斜坑溪、直路溪、大洋圩、南苕溪的总氮等标指数要高于其他流域,等标指数最大值和最小值也较高,其中南苕溪最为明显,这意味着上述几条流域降雨时氮、磷更易流失;而太平溪、鸲鸟溪、灵项溪情况则相反。

　　降雨是小流域氮、磷流失的自然动力,降雨时生活污水、牲畜污水、农业面源通过径流进入水体,导致河道内氮、磷含量的增高。监测小流域上游无工业,由于区域基本实现了禁养,流域内无牲畜污水,污染物主要来源于农村生活和农业面源。

　　第 1 章分析了土地利用类型和面积,流域内土地利用类型包括耕地、园地、林地、河流水面和住宅工矿仓储等其他用地,其中耕地和园地是农田肥料的的主要施用对象,施用的氮、磷较林地更易流失,是流域农业面源污染的来源。

　　统计流域内污染源情况,详见表 6-9。

表 6-9　流域内污染源情况汇总

序号	流域名称	人口密度(人/km²)	耕地和园地占地比例(%)
1	鸬鸟溪	257	14.2
2	太平溪	120	9.4
3	十里渠	275	8.0
4	塘埠溪	285	7.1
5	黄湖溪	162	16.1
6	青山溪	176	17.8
7	斜坑溪	182	21.1
8	南沟溪	144	21.1
9	灵项溪	182	16.1
10	直路溪	376	26.3
11	铜山溪	248	19.5
12	百丈溪 12#	195	4.4
13	百丈溪 13#	195	9.0
14	大洋圩	215	23.6
15	四岭溪	299	10.8

　　降雨导致的水土流失是氮、磷流失的重要途径:十里渠、大洋圩、南沟溪场次降雨泥沙流失模数较大,为氮、磷流失创造了外在条件;而流域内污染源密度较大,营养物质易流失的耕地和园地占地比例大,为氮、磷流失创造了内在条件。鸬鸟溪、灵项溪场次降雨流失模数较小,尽管流域内存在数量相当的污染源,降雨时的氮、磷流失程度依然相对较轻。

6.2　典型流域氮、磷输移规律分析

　　本项目对典型流域进行了 7 次总氮和总磷的场次降雨连续监测,获得了总氮和总磷随降雨输出的过程数据,见表 6-10、图 6-11～图 6-24。

表 6-10　场次降雨氮磷流失量信息汇总

时间		降雨量（mm）	平均雨强（mm/h）	径流量 Q（万 m³）	总氮 TN（kg）	总磷 TP（kg）
2014 年	6 年 20~21 日	66.5	1.58	52.7	1 441.7	38.3
	6 月 25~28 日	86.5	1.27	83.9	2 172.0	66.3
	9 月 22~24 日	60.5	1.83	39.8	978.5	26.1
2015 年	5 月 15 日	14.5	2.42	6.7	108.0	2.8
	6 月 7~9 日	73	1.33	92.1	1 504.7	39.1
	6 月 15~18 日	54.5	0.73	49.2	840.6	14.2
	7 月 10~13 日	128.5	3.13	188.1	4 379.4	52.2

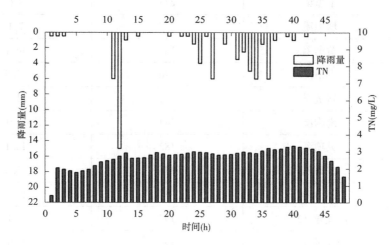

图 6-11　2014 年 6 月 20~21 日总氮浓度变化过程

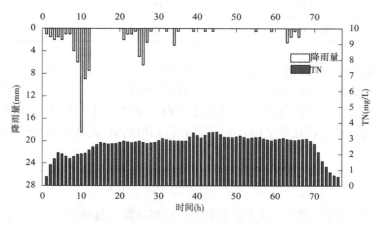

图 6-12　2014 年 6 月 25~28 日总氮浓度变化过程

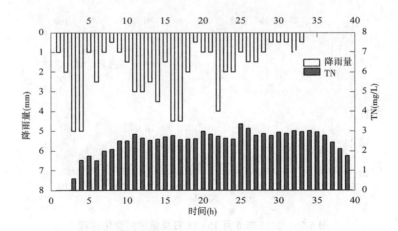

图 6-13　2014 年 9 月 22~24 日总氮浓度变化过程

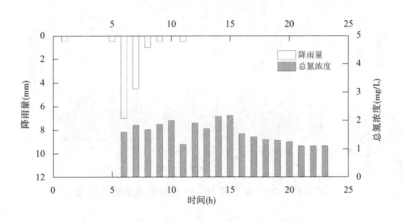

图 6-14　2015 年 5 月 15 日总氮浓度变化过程

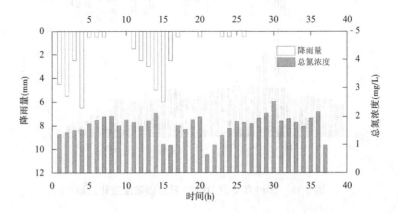

图 6-15　2015 年 6 月 7~9 日总氮浓度变化过程

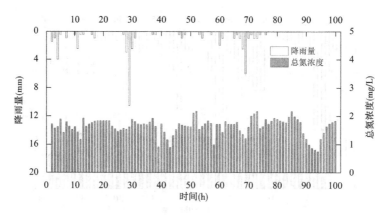

图 6-16　2015 年 6 月 15～18 日总氮浓度变化过程

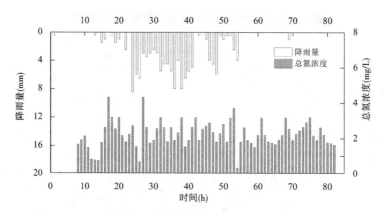

图 6-17　2015 年 7 月 10～13 日总氮浓度变化过程

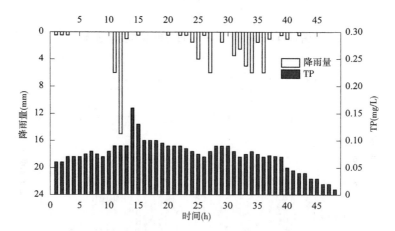

图 6-18　2014 年 6 月 20～21 日总磷浓度变化过程

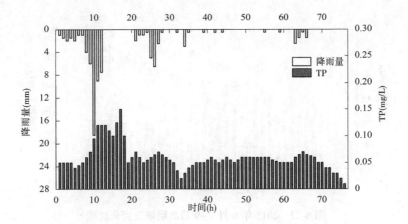

图 6-19 2014 年 6 月 25~28 日总磷浓度变化过程

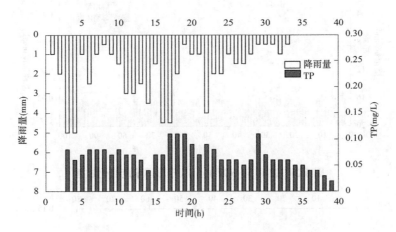

图 6-20 2014 年 9 月 22~24 日总磷浓度变化过程

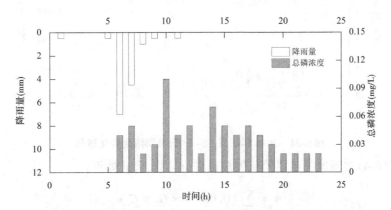

图 6-21 2015 年 5 月 15 日总磷浓度变化过程

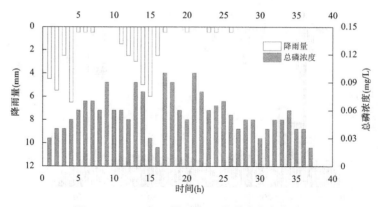

图 6-22　2015 年 6 月 7~9 日总磷浓度变化过程

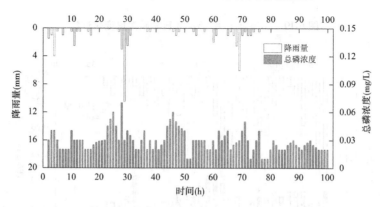

图 6-23　2015 年 6 月 15~18 日总磷浓度变化过程

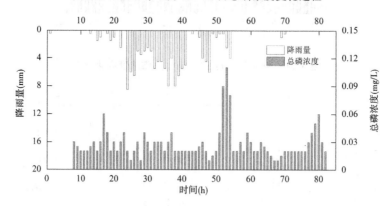

图 6-24　2015 年 7 月 10~13 日总磷浓度变化过程

采用式(6-4)对场次降雨氮磷流失总量进行计算,公式如下:

$$A = \sum_{I=1}^{N} (0.003\ 6 \times Q_i \times C_i) \tag{6-4}$$

式中:A 为监测断面污染物输出量,kg;C_i 为每个监测时段监测到的水体中污染物浓度, mg/L;Q_i 为监测时刻通过断面的径流量,m³/s;i 监测时段,时段长度为 1 h;n 为监测总时间,h;F 为流域面积,km²。

历次场次降雨量总氮、总磷累积曲线分别见图 6-25、图 6-26。

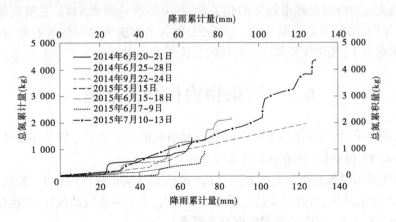

图 6-25　历次场次降雨总氮累积曲线

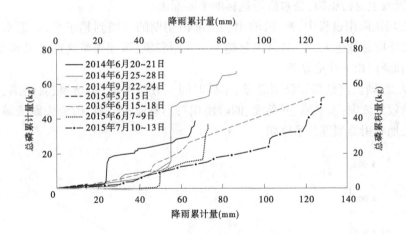

图 6-26　历次场次降雨总磷累积曲线

（1）氮、磷浓度变化规律。降雨初期径流起涨时刻，通过降雨对地表的冲刷，地表积累的肥料、农药及其他含氮有机物迅速随地表径流进入水体，总氮和总磷浓度明显升高。随着降雨的进行，径流量增大对总氮的冲刷和稀释能力均增强，再加上地表营养物基本已经流失，总氮的浓度略有降低后会趋于平稳。在退水期间，总氮浓度随径流逐渐降低。

对比场次降雨的污染物浓度变化过程可以看出：时段雨强较大的场次降雨，污染物浓度升高的快，峰值大；时段雨强比较平均的场次降雨，浓度值波动较小，反之较大。

（2）降雨与氮磷流失相关分析。由图 6-27 可知，各场次降雨总氮的迁移流失总体上随降雨径流的增加而增加，总氮流失量与降雨的回归方程相关系数为 0.963，说明总氮流失量受其他因素（施肥量、土地利用等）的影响较小，与降雨量表现出显著的相关性。总氮流失量与降雨雨型关系密切，降雨相对集中、平均雨强较大的场次降雨，单位降雨产生的总氮流失量较大，在图 6-27 上的落点基本位于趋势线的上方，如 2015 年 5 月 15 日和

2015 年 7 月 10~13 日两场降雨,反之亦然。

总磷流失量与降雨表现出较好的相关性,相关系数达到 0.824。总磷流失量与降雨的相关性(见图 6-28)不如总氮显著,这主要是因为氮素流失时以溶解态氮为主,磷素流失时以吸附态为主,径流挟带磷流失负荷较径流氮流失少。

6.3 污染物输移分析结论

(1)从单因子角度,非汛期未降雨时各监测断面的 P_{TP} 和 P_{TN} 值基本小于 1,监测断面的 TP 值和 TN 值达标,评价小流域水质良好。

(2)汛期降雨时各监测断面的 P_{TP} 和 P_{TN} 值比非汛期未降雨时值大,监测断面的氮、磷含量增加,降雨是氮、磷随径流流失的自然驱动力,是氮磷流失的载体,径流挟带磷流失负荷较径流氮流失少,水中的氮素浓度高于磷素。

(3)降雨时 18 个评价断面等标指数 $P_{总}$ 值基本上大于 1,监测断面水质总体上不达标,TN 是流域主要污染物,是水质不达标的主要原因。

(4)在场次降雨过程中,氮、磷输出会由降雨初期的骤增到趋于平稳,退水期会逐渐降低;场次降雨总量越大,氮、磷流失量越大。降雨和氮、磷流失量之间关系密切,其中总氮流失量和降雨相关性更显著。

(5)从氮、磷监测结果和降雨总量、采样时间三方面考虑,斜坑溪、直路溪、大洋圩降雨时氮、磷较易流失;太平溪、鸬鸟溪、四岭溪相对不易流失。氮、磷流失跟流域的泥沙流失模数、土地利用类型等关系密切。

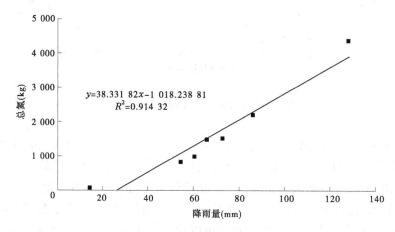

图 6-27 总氮和降雨总量关系图

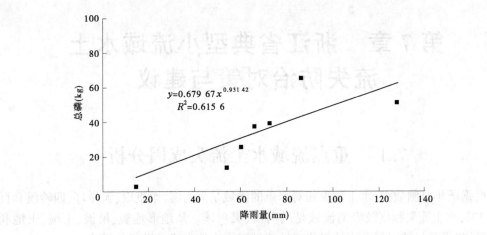

图 6-28　总磷和降雨总量关系图

第7章　浙江省典型小流域水土流失防治对策与建议

7.1　重点流域水土流失成因分析

根据历年监测数据,水土流失相对严重的区域是南沟溪、十里渠、大洋圩、四岭溪和百丈溪13#,水土流失程度较轻的流域是鸬鸟溪、灵项溪。从地形地貌、植被、土壤、土地利用、开发建设项目情况等角度选择代表性流域对水土流失成因进行分析。

7.1.1　百丈溪典型流域

百丈溪流域地势较高,林地所占比例较大,耕地基本位于山地缓坡上,流域内的土壤含沙量较高,较松散。根据现场调查,由于耕地较少,陡坡林地开发的现象在百丈流域比较常见,多采用全垦的开发方式,地表植被破坏十分严重,且进行经济作物种植时,较多考虑物种的经济价值,较少考虑固土保水效果;竹林和果园表层无覆盖,基本呈裸露状态,且存在挖笋、除草、松土等频繁的人为活动。由于流域土壤含沙量高,土质疏松,植被本身固土效果差,表层植被破坏无覆盖层后,极易产生水土流失。

毛竹加工产业是百丈镇的特色产业,为了运输方便,流域建设了大量林道,早期建设的林道基本采用泥结碎石路面,开挖方边坡裸露,不采取拦挡和排水等措施,易被冲蚀。

本项目开展期间,百丈溪典型流域下垫面变化不大(除2010~2012年,杭长高速部分路段在百丈溪流域内建设,对监测结果产生了一定影响),降雨和泥沙流失量之间呈显著的线性关系,这说明流域的水土流失情况较往年改善不大,这主要是农业开发模式不合理等历史遗留问题造成的。

7.1.2　南沟溪流域

南沟溪位于径山镇,径山镇是径山茶的主产区,径山茶种植比例要大于其他乡(镇)。流域地貌以山区丘陵为主,峰谷山坡多为黄壤、红壤,土质肥沃,结构疏松,对茶树生长十分有利。除茶园外,流域内很大面积的园地用作育苗地,据现场调查,南沟溪一侧就是森和种业的育苗基地。

本项目开始初期,南沟溪的泥沙流失模数较其他流域大,项目组在实地调查时,对南沟溪进行了重点调查,和百丈溪不同,南沟溪流域内林地保护较好,林地和原地表层覆盖层保存较好,流域内水土流失问题主要是建设生产活动引起的。

2010年监测开始时,南沟溪在进行河道整治,整治过程中的土石方开挖、回填等活动将产生水土流失,影响监测结果。在监测断面上游约800 m处有1座砂料场,走访调查时发现,虽然生产过程中采取了排水沉沙措施,仍有泥浆水排放入河。南沟溪支流上游是临安的横畈镇钱口村,钱口工业园区坐落于此,项目开展期间,工业园区一直在进行土建施工,降雨时泥沙极易入河,对南沟溪产生影响。

本项目监测后期(2014~2015 年),在监测点上游的桥梁拆除重建,施工活动对监测数据产生了一定的影响,但近两年的监测结果显示,流域内的水土流失情况已经得到了改善。

7.1.3　大洋圩流域

大洋圩流域地势较平坦,园地中茶园和育苗地较多;林地以竹林为主,现状山林地和林下表层均保护较好。

2010~2012 年度,大洋圩上游有几座砖厂,其中 1 座砖场距离监测断面 200 m 左右,砖场烧坏的废砖、砖渣临时堆置在河道左岸,降雨时废砖渣等会被冲刷入河,严重影响了项目的水体含沙量监测结果。

2014 年,该流域的砖厂进行了统一的整理和规划,监测数据表明水土流失程度有所减轻,但单位降雨下的水土流失模数依然高于其他流域,流域需进行综合治理。

7.1.4　十里渠流域

十里渠流域地貌以山区丘陵为主,林地以竹林为主,毛竹较多,瓶窑镇竹产品产业发达,有"竹笋之乡"的美誉,现状林地保护较好。

根据现场踏勘,监测断面上游约 2.0 km 处河势骤缓,下泄泥沙大量在此处淤积,降雨时淤积的泥沙被冲刷顺流而下对监测结果产生一定影响。监测断面左岸有大量的加工修配洗车点,清洗泥沙随意漫流,降雨时被冲刷入河将对监测结果产生影响。

近年来十里渠流域所在的瓶窑镇对河道周边的各个加工点进行了治理,监测结果显示流域的水土流失情况有所好转。

7.1.5　太平溪流域

太平溪流域是径山国家森林公园的一部分,流域中上游是《杭州径山·山沟沟国家森林公园总体规划》中的山沟沟乡村体验区,区域的特色是在保护环境现状的基础上,发展生态旅游。流域内的表层植被保存较好,林下均有植被覆盖,和百丈镇相比,鸬鸟镇土壤含沙量相对较低,土质黏性相对较好。

旅游业是鸬鸟镇的特色产业之一,作为国家森林公园,森林禁止乱砍乱伐,林道的数量相对较少,近年来未见高陡坡开发现象,以往开发方式不合理留下的陡坡坡耕地是流域水土流失的重要原因之一。

根据监测结果,四岭溪流域的水土流失情况未得到明显改善。

7.1.6　四岭溪流域

四岭溪位于径山镇,为四岭水库下游泄水河道,四岭水库集雨面积 71.6 km²,水库上游有太平溪汇入。四岭溪流域园地中茶园比例较大,主要种植径山茶。四岭溪流域包括《杭州径山·山沟沟国家森林公园总体规划》中四岭湖水生态保护区和双溪综合休闲区两个功能区,区域的特色是在涵养水源、保护环境的基础上,发展生态旅游,流域内山林植被保存较好。

四岭溪水土流失集中在茶园和坡耕地区域,作为径山茶的主产区,茶园在流域内分布比较广泛,是水土流失的重点区域。

监测结果显示,四岭溪流域多年的水土流失情况未得到明显改善。

7.1.7　灵项溪流域

灵项溪流域 2001 年被评为"全国水土保持生态环境建设示范小流域",闲林镇政府一直十分重视流域的生态环境保护工作,小流域水土流失治理和监督管理等工作也在积极开展。

灵项溪的监测结果表明,2014～2015 年流域内的水土流失情况得到改善,主要原因在于 2010～2013 监测年度内,灵项溪监测断面上游在建设闲林水库,土石方的开挖和回填等施工活动易产生水土流失,监测后期闲林水库的大量挖填工作已经基本结束,水土流失程度减轻。

7.2　防治对策措施

项目涉及的西部山区 8 个乡(镇),水土流失主要原因是茶园改造、经果林改造、坡地开垦、矿山开采、基础设施建设等。

7.2.1　茶园治理

余杭区茶园分布较广,且面积仍在增加,现有园地下裸露面较大,流失强度以轻度、中度为主,今年来多处丘陵进行土地整理,大面积种植茶园。

根据现场调查,余杭区各乡(镇)广泛种植径山茶,尤其是径山镇的斜坑溪、四岭溪等小流域。大部分茶园位于山丘或缓坡上,园地林下基本无覆盖,主要是多数茶园使用落后的铲草清园耕作管理办法,大量使用除草剂,使林木下草被减少,地表完全裸露,极易诱发水土流失,如图 7-1 所示。同时,部分茶园耕作方式不当,多次翻耕,地表土壤疏松,每遇暴雨,林下冲沟密布,致使地表土壤大量流失,土壤肥力下降,进而又严重影响茶园的生长,同时也是下游集水区污染的主要面源之一。

图 7-1　茶园侵蚀

通过合理布设小型坡面蓄排工程(如图 7-2 所示),做到小雨不下坡,大雨顺沟流,达到层层拦截,有序排泄,削减产生坡面水土流失的外营力,防止水土流失的目的。截(排)水沟根据地形条件,基本沿山势走向布设,以方便农民生产为前提,作为山间道路、生产便道,方便农民行走及采摘季节采摘。蓄水池主要是通过截排水设施收集地表富余径流,为茶园养护管理的施肥、打药以及浇灌用水而设置。

图 7-2　茶园坡面蓄排工程

7.2.2　果园治理

余杭区西部山区部分果园位于山丘或缓坡上,存在和茶园同样的问题,地表裸露(见图 7-3)、耕作方式不当、径流冲刷等,比如百丈镇的香榧林等,除采取小型坡面蓄排工程外,还可在果园林植株之间种植一排阴性、半阴性低灌(丛)密植经济植物或牧草带,形成植物绿篱屏障,使流失土壤逐渐堆积,起到拦蓄坡面流失土壤、减缓坡面径流汇流时间、消能减蚀的作用。

图 7-3　桃园

生产管理上,主要是改变原来的全垦(见图 7-4)、翻耕方式,局部翻耕松土,林下每隔一定距离(一般 3~5 m)宽范围内不除草,作为植被缓冲带,拦截径流泥沙,增加地表覆盖、增加水流入渗。此外,生产管理过程中可采用茎死根不死的新型除草剂,并推广地面覆盖防护模式,雨水季节应将砍灌(丛)除草清除的枝条、草叶等平铺于树下裸露地面,防止雨水对地面击溅和径流的直接冲刷,同时也起到减少地面水分蒸发的作用。

图 7-4　全垦造地

7.2.3　竹林治理

竹林(见图 7-5)是余杭区主要的经济林种,竹林地可简单地分为用材竹林和笋用竹林。余杭区西部百丈、黄湖、中泰、瓶窑等竹制品产业发达,竹林面积占林地面积的 50%以上,毛竹林多为分布在人多、交通方便、经营活动频繁的丘陵、矮山、近山的高产毛竹林。这种类型的毛竹林地土层深厚、肥沃,毛竹生长旺盛、粗壮,亩立竹多,经济效益好,是高产的笋材竹两用林。但因垦复、挖笋等经营活动过于频繁或不合理的生产活动,存在一定程度的水土流失。

图 7-5　竹林

分析毛竹林的侵蚀特点发现,正常竹子根系密集发达,发鞭能力特别强,网状分布,庞大的根系使之固土能力较强,同时老鞭腐烂,使土壤空隙增大吸水量增加,在涵养水源、保持水土、调节气候和保护环境等方面都有很强的功能,而且生长毛竹的地方土层都较厚,但是人为活动使得竹林下土壤结构疏松,凝聚性不强,在降雨条件下,坡面表层土壤极容易被雨水溅蚀及被径流冲刷和搬运,甚至形成滑坡或崩塌导致的块体运动。因此,在毛竹林坡面上,保持坡面表层植被对于缓减雨滴对表土的溅蚀及径流的冲刷挟带有很大的作用。

对于竹林,可以采取以下治理措施:

(1)培育竹阔混交林,蓄留林内伴生树。对大面积成片栽植的毛竹林,适当保留原有阔叶树种,改善林分结构,形成阔叶、针叶结合的良性生态体系。

在相同的立地条件下,纯竹林的生物量和经济产量通常要比竹混交林高。但是,纯竹林的水土保持功能、土壤肥力及抗病虫害、抗倒伏等方面不如竹混交林。因此,应提倡种植竹阔混交林,建立毛竹与其他树种特别是阔叶树组成的混交林,以提高竹林的"自肥"和抗害能力,有利于水土保持。

(2)套种经济作物。在竹林内种植与毛竹无共同病虫害、对毛竹生长有促进作用的珍贵阔叶树种。在体现生物多样性的同时,具有一定的经济价值,又不影响毛竹林生产,如红豆杉(2~3株/亩)、草珊瑚等。

(3)保留林下植被,减少采伐。尽量保留林下阴性杂草、灌木,提高林内湿度,改善竹林的立地条件,培肥土壤。

竹林的林冠层、林下植被层、凋落物和土壤层都具有涵养水源的功能。林地枯枝落叶量多,持水能力大,水土保持能力强。因此,应尽量减少采伐量,控制采伐周期,提高立竹量,以增加竹林叶面积指数、林下植被和林下枯落物。

(4)设置植被缓冲带。在笋竹区,挖笋季节除草时,采用每隔一定距离留出 3~5 m 宽度范围不除草,形成植被缓冲带,增加地表覆盖,拦截挖笋过程中土壤翻垦引发的流失,增加水流入渗。

林区道路路边种植茶叶,亦可作为植物篱防护屏障,拦截林区地表土壤流失。

(5)在林道设置截排水沟,减轻汇水对林道的冲刷。考虑到林道不能进行硬化,因此要加强林道(见图 7-6)管理,定期进行检查,发现路面有冲蚀或破损,及时进行修复。

图 7-6　林道

7.2.4　疏林地治理

　　森林是陆地生态系统的主体,在涵养水源、调节地表径流、保持水土、调节气候、维持生态平衡等方面发挥着巨大的综合作用。林木的树冠可阻滞雨滴下落,避免雨滴直接击溅土壤,减小降雨的侵蚀力。对轻度、中度水土流失疏林地,以封山育林为主,可采取全封、轮封等形式,在封禁治理的同时要加强抚育管理。

　　水土流失强烈以上的疏林地,视具体情况采取相应的水土保持植物措施和工程措施,如进行育苗补植、修枝疏伐、择优选育。因疏林地植被以针叶疏林为主,补植主要采用阔叶树种,如枫香、木荷等,并根据情况补植湿地松等针叶树种。

　　土层较厚、坡度较缓的地块,可采取补植造林和林分改造,加强抚育管护,以促进林木生长,加快植被恢复。土层浅薄或坡度较陡的,可结合水土保持整地工程(如修建水平阶、水平沟、大型果树坑等),依据“适地适树”的原则,营造水土保持林、水源涵养林、发展经济林果,达到既防治水土流失,又开发利用土地资源发展经济的目的。

7.2.5　坡耕地治理

　　坡耕地农业生产活动频繁,极易产生水土流失。坡地开垦过程中,在降雨和径流的作用下,土壤水分与营养物质大量流失,致使土壤肥力和土地生产力下降,不利于作物生长。坡耕地治理的主要措施如下。

7.2.5.1　25°以上坡耕地退耕还林还草

　　坡耕地是农业生产活动频繁又极易产生水土流失的土地利用类型,25°以上坡耕地土层薄,土壤侵蚀强度一般都在强烈以上,退耕还林还草后,林木的树冠可阻滞雨滴下落,避免雨滴直接击溅土壤,减小降雨的侵蚀力。林木和林下杂草的根系具有固土作用,林木的枯落物可增加土壤中有机物的含量,提高土壤团粒的稳定性,增强土壤的抗侵蚀能力。林木根系和林中杂草还可阻滞地表径流的流动,增加下渗量,减轻径流对土壤的冲刷。另外,根据有关观测资料,在土地坡度基本相同的情况下,林地的土壤侵蚀量仅为农耕地的4.5%左右,林地径流中的 COD 和总磷浓度分别为农耕地径流中的34%和60%,说明退耕还林对控制面源污染也十分有效。

　　退耕还林还草主要依靠政策引导、加强宣传、政府补助等形式,制定退耕还林补偿优惠政策,保护农民利益,确保退耕不减收。退耕后进行封禁治理,提高植被覆盖度。

7.2.5.2　坡改梯

　　坡改梯(见图7-7)主要适用于25°以下、土壤肥沃、质地较好,周边灌溉便利,距离村庄较近的缓坡耕地修筑。坡改梯措施是坡耕地水土流失治理的重要措施之一,即将原来的坡地改造成平地,通过地形的改变,结合田埂的拦挡以及小型蓄排工程的配套,大幅度降低土壤的可蚀能力,达到保水、保土、保肥,拦蓄径流,防止冲刷的目的。

　　实施坡改梯措施的区域一般具有现状坡度较大、分布零星分散的特点。坡改梯时,按照先易后难、先近后远、先缓坡后陡坡的原则,优先选择交通便捷、土质好、临近水源的坡耕地进行,有条件的区块还应考虑小型机械耕作和提水灌溉等配套措施要求。坡改梯的具体类型结合项目区降水、土壤等现状条件,以修建石坎水平梯田和土坎水平梯田为主,其中石坎梯田的石料尽量利用整地或从附近河道内的卵石捡集,不足部分从附近石料场采购。

图 7-7　梯田

图 7-8　小型坡面蓄排工程

7.2.5.3　小型坡面蓄排工程

为保证农业正常生产,提高农作物产量,在坡耕地内根据地形合理配置坡面截水沟、蓄水池(沟)、排水系统等小型蓄排工程,控制降水形成的地表径流,减少汛期下泄水量,增强防洪抗旱以及土壤保水保土能力,提高土地产出率。即在坡面上每隔一定距离沿等高线修建横沟及与若干横沟相通的纵沟,纵沟内修建若干跌水等消能设施,以及时排出坡面水流,截短坡长减少地表径流对坡面的冲刷。有条件的还可以在排水沟适当部位修建蓄水池或沉沙池等,在蓄水的同时减少泥沙入河、塘、库,拦截径流中挟带的有机物质,进一步减少面源污染物的输出。

7.2.6　溪沟治理

余杭区西部山区性河流众多,河窄坡陡,洪水一般具有陡涨陡落的特点,历时短,流速大,常挟带泥沙及乱石,冲刷破坏力度大,极易造成沟岸淘刷和冲毁农田,引发各类山洪灾害。规划通过因地制宜在沟道内修建谷坊、拦沙坝工程,可巩固并抬高沟床,防止沟底下切、沟头前进,同时稳定沟坡、制止沟岸扩张,防止产生沟坡崩塌、滑塌,泻溜等地质灾害。

7.2.6.1　拦沙坝工程

拦沙坝是以蓄水拦沙、削减洪峰、防止沟床下切和沟岸扩张坍塌等为主要目的修筑的坝。拦沙坝坝址选择时,尽量使坝轴线短、库容大,同时尽量避开较大的弯道、跌水、断层、洞穴等不利因素。根据地形情况,对沟道下切作用或两侧重力侵蚀已经终止的沟壑,设置简易拦沙坝,用来拦截下泻泥沙。同时在村庄附近河道修建拦沙坝,可形成水面,方便村民用水,起到改善村庄景观、过坝水流曝氧等作用。

拦沙坝的坝型主要根据洪水、泥沙量和当地的建筑材料状况和地形地质条件确定,可采用干砌石坝、浆砌石坝、混凝土坝等。

7.2.6.2　护岸工程

护岸工程是保证河岸稳定,防止水流冲刷的重要工程措施。从尽量保护河道湿地生态系统的角度,除正常蓄水位以下考虑满足防洪、防冲要求采用砌石外,正常蓄水位以上考虑采取工程措施和植物措施相结合,在保护河岸的同时,兼顾景观、生态、水土保持等多种功能,种植草皮或耐水湿、净化水质的植物品种,通过护岸工程防治河岸坍塌,河岸乔灌草合理搭配种植,既能满足防洪渡汛要求,又能保护生态环境和美化河岸环境。

7.2.7　废弃矿山整治

关闭、废弃的采石场、采矿场、砖瓦厂等,不仅严重影响周边景观与当地的生态环境,因其开挖裸露面坡面大、坡度陡、落差大,在强降雨作用下,也极易产生滑坡、崩塌等现象。根据现场调查,浦江县现有大大小小数十座废矿,规划要求对各区域内废弃矿山进行排查,对存在地质灾害隐患的采石场及时采取工程措施和植物措施进行整治。

应清除开采边坡上所有的危石,对可能引起地质灾害的残坡积物进行清除或采取妥善的加固措施,增强边坡的稳定性,终采边坡的坡度必须降至安全坡度以下,对可能诱发地质灾害的废石堆要构筑稳定的拦石坝,将地质灾害发生的可能性降到最低程度。对可能造成人身安全事故的采空区或其他危险区,其周边要设立永久性安全警示牌。同时要做好采场废土、废石的清理和采空区复垦还绿工作。在矿山复垦和生态重建中,要坚持因地制宜的原则,根据矿山地理位置、景观特征及开发功能决定重建哪一类生态系统,"宜耕则耕,宜林则林",或建设为林地、耕地,或为建设用地、公共绿地,或为旅游娱乐用地。

供水水库上游依然采取以生态修复为主、综合治理为辅的措施体系,人口数量相对较多的流域实施生态清洁小流域建设,废弃矿山整治。

参 考 文 献

[1] 杨晓，黎武，羊秀娟，等. 土壤侵蚀预报模型的研究进展综述[J]. 安徽农学通报，2017, 13 (157)：78-80.

[2] 吴遵雄. 改革开放40年湖北省水土保持成效综述[J]. 中国水土保持，2018, (12)：35-37.

[3] 张晶. 水土保持综合治理效益评价研究综述[J]. 水土保持应用技术，2015 (4)：39-42.

[4] 高维森，王佑民. 土壤抗蚀抗冲性研究综述[J]. 水土保持通报，1992, 12 (5)：59-63.

[5] 毕华兴，朱金兆. 国外土壤侵蚀与流域产沙模型研究综述[J]. 北京林业大学学报，1995, 17 (3)：79-85.

[6] 晁雷，王雪非，郭宝东，等. 人工湿地在辽河流域面源污染治理中的应用[J]. 环境保护与循环经济，2010 (10)：47-49.

[7] 陈利顶，傅伯杰. 农田生态系统管理与非点源污染控制[J]. 环境科学，2000 (2)：98-100.

[8] 陈利顶，傅伯杰."源""汇"景观理论及其生态学意义[J]. 生态学报，2006 (5)：1444-1449.

[9] 韩建刚，李占斌，钱程. 紫色土小流域土壤及氮磷流失特征研究[J]. 生态环境学报，2010 (2)：423-427.

[10] 黄国勤，王兴祥，钱海燕，等. 施用化肥对农业生态环境的负面影响及对策[J]. 生态环境，2004 (4)：656-660.

[11] 李怀恩. 流域非点源污染模型研究进展与发展趋势[J]. 水资源保护，1996 (2)：25-28.

[12] 李强坤，李怀恩，胡亚伟. 黄河干流撞关断面非点源污染负荷估算. 水科学进展，2008, 19：460-466.

[13] 唐克丽. 中国土壤侵蚀与水土保持学的特点及展望[J]. 水土保持研究，1999 (2)：2-7.

[14] 张昌军. 西安地区黄土斜坡人工降雨试验研究[D]. 西安：长安大学，2013.

[15] 王丽. 黄土坡地土壤氮磷流失人工降雨模拟实验研究[D]. 杨凌：西北农林科技大学，2015.

[16] 孔刚. 人工降雨条件下黄土坡面土壤养分流失试验研究[D]. 西安：西安理工大学，2007.

[17] 田育新，吴建平. 林地土壤抗冲性研究. 湖南林业科技[J]，2002, 29 (3)：21-23.

[18] 高维森，王佑民. 土壤抗蚀抗冲性研究综述. 水土保持通报[J]，1992, 12 (5)：60-63, 58.

[19] 方学敏，万兆惠. 土壤抗蚀性研究现状综述[J]. 泥沙研究，1997 (2)：87-91.

[20] 黄义瑞. 我国几类主要地面物质抗侵蚀性能初步研究[J]. 中国水土保持，1980 (1)：43-45.

[21] 李红云，李焕平，杨吉华，等. 4种灌木林地土壤物理性状及抗侵蚀性能的研究[J]. 水土保持学报，2006, 20 (3)：13-16.

[22] 李超，周正朝，朱冰冰，等. 黄土丘陵区不同撂荒年限土壤入渗及抗冲性研究[J]. 水土保持学报，2017, 31 (2)：61-66.

[23] 王丹丹，张建军，丁杨，等. 晋西黄土区退耕林地土壤抗冲性研究. 水土保持学报，2014, 28 (3)：14-18.

[24] 黄昌勇. 土壤学[M]. 北京：中国农业出版社，2000.

[25] 黎建强，张洪江，陈奇伯，等. 长江上游不同植物篱系统土壤抗冲、抗蚀特征[J]. 生态环境学报，2012, 21 (7)：1223-1228.

[26] 胡玉法，刘纪根，冯明汉. 长江源区水土保持生态建设现状问题及对策[J]. 人民长江，2017, 48 (3)：8-12.

[27] 高郯，李江荣，卢杰，等. 色季拉山急尖长苞冷杉林不同坡向土壤养分及肥力研究[J]. 生态学报，2020, 40 (04)：1331-1341.

[28] 豆敬翔, 唐斌, 游芳. 基于GIS和污染指数法的土壤环境质量评价——以甘孜藏族自治州东部为例[J]. 河南科技, 2012(2): 63.

[29] 张振中. 黔中地区旱地土壤肥力指标及综合评价研究[D]. 贵阳: 贵州大学, 2009.

[30] 张沛. 南方红壤丘陵区植物篱控制水土流失效应研究[D]. 杭州: 浙江大学, 2011.

[31] 林盛. 南方红壤区水土流失治理模式探索及效益评价[D]. 福州: 福建农林大学, 2016.

[32] 史志华, 杨洁, 李忠武, 等. 南方红壤低山丘陵区水土流失综合治理[J]. 水土保持学报, 2018, 32(1): 6-9.

[33] 梁娟珠. 南方红壤区不同植被措施坡面的水土流失特征[J]. 水土保持研究, 2015, 22(4): 95-99.

[34] 彭绍云, 顾祝军, 修平. 南方红壤试验小区乔灌草多年水土保持效应比较[J]. 水土保持研究, 2013, 20(1): 25-29.

[35] 梁娟珠. 不同植被措施下红壤坡面径流变化特征[J]. 水土保持通报, 2015, 35(6): 159-163.

[36] 魏文学, 谢小立, 秦红灵, 等. 促进南方红壤丘陵区农业可持续发展的复合农业生态系统长期观测研究[J]. 中国科学院院刊, 2019, 34(2): 231-243.

[37] 赵其国, 黄国勤, 马艳芹. 中国南方红壤生态系统面临的问题及对策[J]. 生态学报, 2013, 33(24): 7615-7622.

[38] 孙佳佳, 王志刚, 张平仓, 等. 植被结构指标在南方红壤丘陵区水土保持功能研究中的应用[J]. 长江科学院院报, 2013, 30(9): 27-32.

[39] 廖凯涛, 胡建民, 宋月君, 等. 南方红壤丘陵区流域植被景观格局变化及水沙响应关系[J]. 水土保持学报, 2019, 33(3): 36-42, 50.

[40] 汪邦稳, 肖胜生, 张光辉, 等. 南方红壤区不同利用土地产流产沙特征试验研究[J]. 农业工程学报, 2012, 28(2): 239-243.

[41] 谢颂华, 曾建玲, 杨洁, 等. 南方红壤坡地不同耕作措施的水土保持效应[J]. 农业工程学报, 2010, 26(9): 81-86.

[42] 史志华, 王玲, 刘前进, 等. 土壤侵蚀: 从综合治理到生态调控. 中国科学院院刊, 2018, 33(2): 198-205.

[43] 赵晓丽, 张增祥, 周全斌, 等. 中国土壤侵蚀现状及综合防治对策研究. 水土保持学报, 2002, 16(1): 40-43, 46.

[44] 张光辉. 土壤侵蚀模型研究现状与展望. 水科学进展, 2002, 13(3): 389-396.

[45] 李宏伟, 郑钧潆, 彭庆卫, 等. 国外土壤侵蚀预报模型研究进展. 中国人口·资源与环境, 2016, 26(S1): 183-185.

[46] 张霞, 李鹏, 李占斌. 坡面草带分布对坡沟水土流失的防控作用及其优化配置. 农业工程学报, 2019, 35(7): 122-128.

[47] 马芊红, 张科利. 西南喀斯特地区土壤侵蚀研究进展与展望. 地球科学进展, 2018, 33(11): 1130-1141.

[48] 吴发启, 林青涛, 路陪, 等. 我国坡地土壤侵蚀影响因子C的研究进展. 中国水土保持科学, 2015, 13(6): 1-11, 159.

[49] 李占斌, 朱冰冰, 李鹏. 土壤侵蚀与水土保持研究进展. 土壤学报, 2008, 45(5): 802-809.

[50] 南秋菊, 华珞. 国内外土壤侵蚀研究进展. 首都师范大学学报(自然科学版), 2003, 24(2): 86-95.

[51] 段巧甫. 小流域综合治理开发是加快生态环境建设的有效途径. 中国水土保持, 2000(6): 16-18, 48.

[52] 刘定辉, 李勇. 植物根系提高土壤抗侵蚀性机理研究. 水土保持学报, 2003, 17(3): 34-37, 117.

[53] 薛利红, 杨林章. 遥感技术在我国土壤侵蚀中的研究进展. 水土保持学报, 2004, 18(3): 186-189.

[54]罗志军,张俊. 土壤侵蚀模型的研究现状与展望. 安徽农业科学, 2007, 35(27):8574-8576.

[55]聂小东,李忠武,王晓燕,等. 雨强对红壤坡耕地泥沙流失及有机碳富集的影响规律研究. 土壤学报, 2013, 50(5):900-908.

[56]张雪,李忠武,申卫平,等. 红壤有机碳流失特征及其与泥沙径流流失量的定量关系. 土壤学报, 2012, 49(3):465-473.

[57]马力,卜兆宏,梁文广,等. 基于 USLE 原理和 3S 技术的水土流失定量监测方法及其应用研究. 土壤学报, 2019, 56(3):602-614.

[58]周来,李艳洁,孙玉军. 修正的通用土壤流失方程中各因子单位的确定. 水土保持通报, 2018, 38(1):169-174.

[59]冷疏影,冯仁国,李锐,等. 土壤侵蚀与水土保持科学重点研究领域与问题[J]. 水土保持学报, 2004, 18(1): 1-6.

[60]史志华, 宋长青. 土壤水蚀过程研究回顾[J]. 水土保持学报, 2016, 30(5): 1-10.

[61]张攀, 孙维营, 唐洪武, 等. 坡面细沟侵蚀形态演变与量化研究评述[J]. 泥沙研究, 2017, 42(1): 68-72.

[62]Chen J, Xiao H, Li Z, et al. How Effective Are Soil and Water Conservation Measures (swcms) in Reducing Soil and Water Losses in the Red Soil Hilly Region of China? a Meta-analysis of Field Plot Data [J]. Science of the Total Environment, 2020, 735: 139517.

[63]Duan J, Liu Y, Yang J, et al. Role of Groundcover Management in Controlling Soil Erosion Under Extreme Rainfall in Citrus Orchards of Southern China[J]. Journal of Hydrology, 2020, 582: 124290.

[64]Yan W, Xie S, Liu Y, Deng W, Huang P, Zheng T 2016 Research progress on the erosion mechanism of side slope and dumped soil in production and construction projects Science of Soil & Water Conservation 14 142-152.

[65]Nearing M A, Pruski F F, O'Neal M R 2004 Expected climate change impacts on soil erosion rates: a review Journal of Soil & Water Conservation 59 43-50.

[66]Wei W, Chen L, Fu B, Chen J 2010 Water erosion response to rainfall and land use in different drought -level years in a loess hilly area of China CATENA 81 24-31.

[67]Yue Y, Ni J, Ciais P, Piao S, Wang T, Huang M, Borthwick A G L, Li T, Wang Y, Chappell A, Van Oost K 2016 Lateral transport of soil carbon and land-atmosphere CO2 flux induced by water erosion in China Proceedings of the National Academy of Sciences of the United States of America 113 6617-6622.
[68]L Yan-Ping, R Hao, L Zhan-Qi 2016 Study on comprehensive management model for controlling soil and water loss in small watershed of hilly grassland, Grassland and Turf 93 122-143.

[69]Krasa J, Dostal T 2019 Soil erosion as a source of sediment and phosphorus in rivers and reservoirs – Watershed analyses using WaTEM/SEDEM, Environmental Research 171 470-483.

[70]Rejani, R., & Yadukumar, N. (2010). Soil and water conservation techniques in cashew grown along steep hill slopes. Scientia Horticulturae, 126(3), 371-378.

[71]Andriyanto, C., Sudarto, S., & Suprayogo, D. (2015). Estimation of soil erosion for a sustainable land use planning: RUSLE model validation by remote sensing data utilization in the Kalikonto watershed. Chemistry, 17(22), 6056-60.

[72]Peng, T., & Wang, S. J. (2012). Effects of land use, land cover and rainfall regimes on the surface runoff and soil loss on karst slopes in southwest China. Catena, 90(1), 53-62.

[73]APAAdélia, N., António, C., de Almeida, & Coelho, C. O. A. (2011). Impacts of land use and cover type on runoff and soil erosion in a marginal area of Portugal. Applied Geography, 31(2), 687-699.

[74] Ning, S. , Chang, N. , Jeng, K. , & Tseng, Y. (2006). Soil erosion and non-point source pollution impacts assessment with the aid of multi-temporal remote sensing images. Journal of Environmental Management, 79(1), 88-101.

[75] Pradhan, B. , Chaudhari, A. , Adinarayana, J. , & Buchroithner, M. F. (2012). Soil erosion assessment and its correlation with landslide events using remote sensing data and GIS: a case study at Penang island, Malaysia. Environmental Monitoring & Assessment, 184(2), 715-727.

[76] Kheir, R. B. , Abdallah, C. , & Khawlie, M. (2008). Assessing soil erosion in Mediterranean karst landscapes of Lebanon using remote sensing and GIS. Engineering Geology, 99(3-4), 239-254.

[77] Dabral, P. P. , Baithuri, N. , & Pandey, A. (2008). Soil erosion assessment in a hilly catchment of north eastern India using USLE, GIS and remote sensing. Water Resources Management, 22(12), 1783-1798.

[78] Chen, J. , Xiao, H. , Li, Z. , Liu, C. , Ning, K. , & Tang, C. (2020). How effective are soil and water conservation measures (SWCMs) in reducing soil and water losses in the red soil hilly region of China? A meta-analysis of field plot data Science of the Total Environment, 735.

[79] Fang N F, Shi Z H, Li L, et al. Rainfall, runoff, and suspended sediment delivery relationships in a small agricultural watershed of the Three Gorges area, China[J]. Geomorphology, 2011, 135(1/2): 158-166.

[80] Chen F X, Fang N F, Wang Y X, et al. Biomarkers in sedimentary sequences: Indicators to track sediment sources over decadal timescales[J]. Geomorphology, 2017, 278: 1-11.

[81] Vercruysse K, Grabowski R C, Rickson R J. Suspended sediment transport dynamics in Rivers: Multi-scale drivers of temporal variation[J]. Earth-Science Reviews, 2017, 166: 38-52.

[82] Yan B, Fang N F, Zhang P C, et al. Impacts of land use change on watershed streamflow and sediment yield: An assessment using hydrologic modelling and partial least squares regression[J]. Journal of Hydrology, 2013, 484: 26-37.

[83] Huang X, Fang N F, Zhu T X, et al. Hydrological response of a large-scale mountainous watershed to rainstorm spatial patterns and reforestation in subtropical China[J]. Science of the Total Environment, 2018,645: 1083-1093.

[84] Miao C Y, Ni J R, Borthwick A G L, et al. A preliminary estimate of human and natural contributions to the changes in water discharge and sediment load in the Yellow River[J]. Global and Planetary Change, 2011,76(3/4): 196-205.

附　图

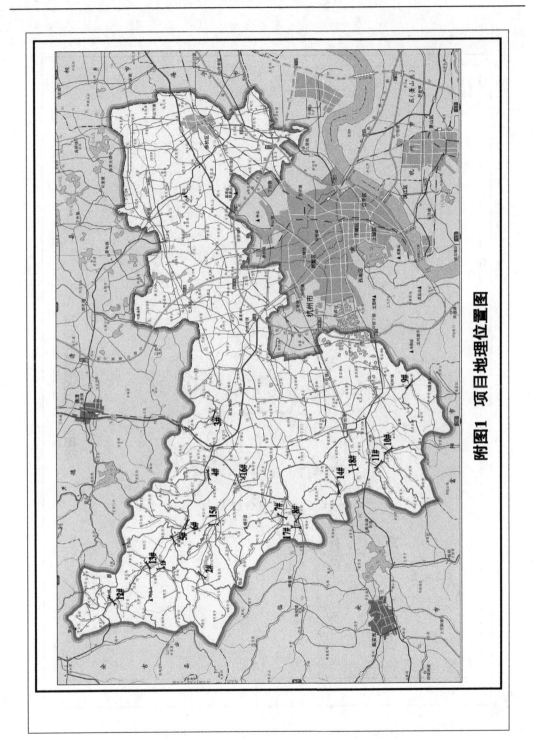

附图1　项目地理位置图

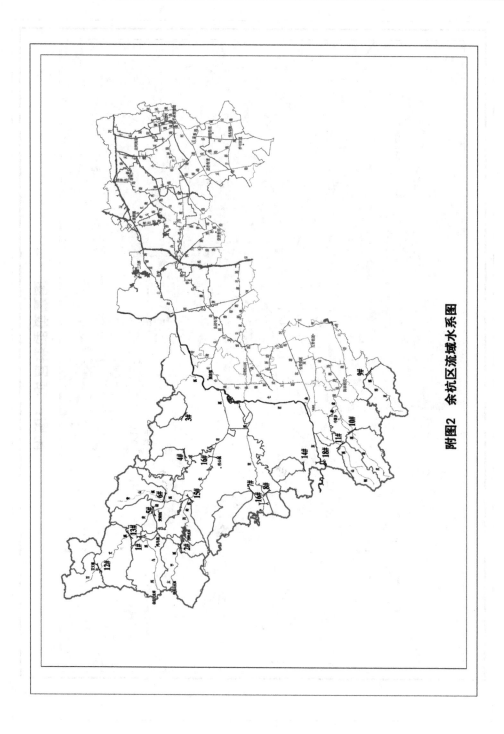

附图2　余杭区流域水系图

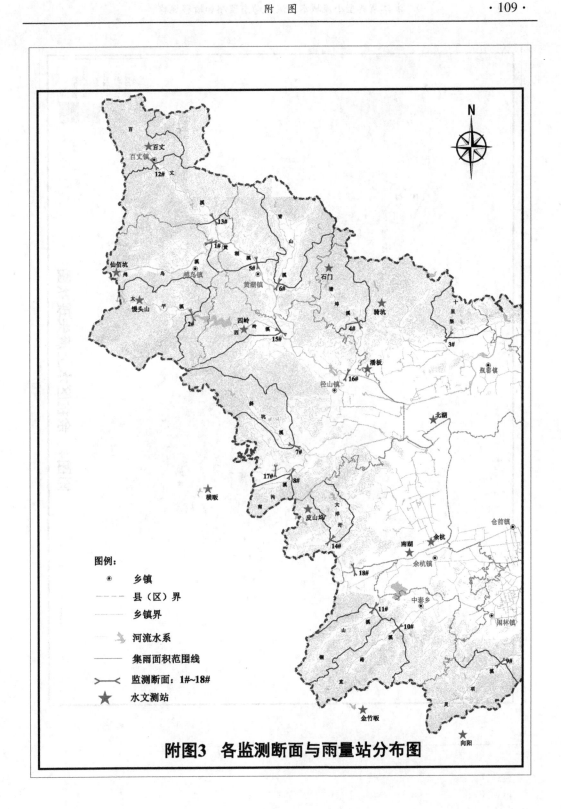

附图3　各监测断面与雨量站分布图

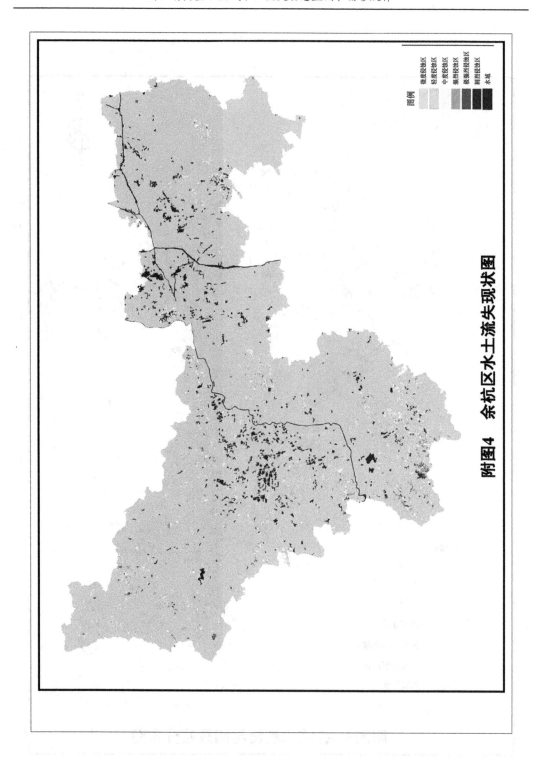

图例

微度侵蚀区
轻度侵蚀区
中度侵蚀区
强烈侵蚀区
极强烈侵蚀区
剧烈侵蚀区
水域

附图4　余杭区水土流失现状图